山区无公害蔬菜栽培技术

SHANQU WUGONGHAI SHUCAI
ZAIPEI JISHU

吴敬才 刘善文 薛珠政 傅龙顺 ◎ 编著

U0214754

海峡出版发行集团 | 福建科学技术出版社
THE STRAITS PUBLISHING & DISTRIBUTING GROUP | FUJIAN SCIENCE & TECHNOLOGY PUBLISHING HOUSE

图书在版编目（CIP）数据

山区无公害蔬菜栽培技术 / 吴敬才等编著 .—福州：福建科学技术出版社，2019.6（2020.10 重印）
ISBN 978-7-5335-5795-9

Ⅰ . ①山… Ⅱ . ①吴… Ⅲ . ①蔬菜园艺-无污染技术 Ⅳ . ①S63

中国版本图书馆 CIP 数据核字（2018）第 299606 号

书　　名	**山区无公害蔬菜栽培技术**	
编　　著	吴敬才　刘善文　薛珠政　傅龙顺	
出版发行	福建科学技术出版社	
社　　址	福州市东水路 76 号（邮编 350001）	
网　　址	www. fjstp. com	
经　　销	福建新华发行（集团）有限责任公司	
印　　刷	福建新华印刷有限责任公司	
开　　本	889 毫米×1194 毫米　1/32	
印　　张	4.5	
字　　数	122 千字	
版　　次	2019 年 6 月第 1 版	
印　　次	2020 年 10 月第 3 次印刷	
书　　号	ISBN 978-7-5335-5795-9	
定　　价	12.00 元	

书中如有印装质量问题，可直接向本社调换

前言

利用高山区夏秋季独特的冷凉气候资源来发展夏秋季蔬菜，可更合理地配置资源和劳力，有效地形成生产能力，从而获得高质量和高效益的产品。这是省内外许多高山区发展蔬菜的成功经验。闽东、闽北、闽西等地处山区，是发展高山蔬菜的理想区域。作者二十几年来参加科技特派员下乡、山区科技下乡等服务和指导工作，积累了丰富的山区无公害蔬菜栽培实践经验，在福建省农业科学院智慧农业创新团队（STIT2017－2－12）、数字农业科技服务团队（kjfw2018－22）、福建省农村实用技术远程培训等的大力支持帮助下，撰写了这本《山区无公害蔬菜栽培技术》。

本书共分五章，分别为概述、高山无公害蔬菜栽培技术、半高山无公害蔬菜栽培技术、山区无公害蔬菜冬季大棚栽培技术和山区无公害蔬菜无土栽培技术。书中的"高山""半高山"概念是依据福建的地理及气候条件而提出的，高山指海拔 800 米以上，半高山指海拔 500～800 米。全书由福建省农业科学院数字农业研究所吴敬才教授级高级农艺师总体统稿，福建省农业科学院数字农业研究所刘善文研究员、福建省农业科学院作物科学研究所薛珠政研究员等参与编写并提供部分插图照片，龙岩市农业局傅龙顺高级农艺师参与病虫害防治部分的编写。本书可供福建省山区蔬菜种植户、基层科技特派员、蔬菜企业等蔬菜种植或爱好者参考使用，也可供相关领域的教学和研究人员参考使用。

1

本书在撰写过程中，引用了一些学者的研究成果以及有关书刊与网站的相关资料，得到了福建省农业科学院及山区基层乡镇许多同仁的大力支持，谨在此对本书提供帮助的人员表示衷心的感谢！

由于编写时间仓促，加之作者水平有限，书中不足和疏漏在所难免。欢迎专家和读者批评指正并提出宝贵意见，以便再版时进一步订正完善。

作者

2018 年 11 月 20 日

目录

第一章　概述 …………………………………………………… 1

　第一节　山区蔬菜生产模式 …………………………………… 1

　第二节　山区现代生态农业模式 ……………………………… 3

　第三节　无公害蔬菜生产发展前景及意义 …………………… 4

　第四节　从源头控制污染 ……………………………………… 6

第二章　高山无公害蔬菜栽培技术 …………………………… 10

　第一节　高山无公害蔬菜栽培技术要点 ……………………… 10

　第二节　高山夏季花椰菜栽培技术 …………………………… 16

　第三节　高山夏季青花菜栽培技术 …………………………… 22

　第四节　高山夏季大白菜栽培技术 …………………………… 25

　第五节　高山夏季萝卜栽培技术 ……………………………… 30

　第六节　高山夏季甘蓝栽培技术 ……………………………… 33

　第七节　高山夏季莴笋栽培技术 ……………………………… 37

　第八节　高山夏季香菜栽培技术 ……………………………… 40

第三章　半高山无公害蔬菜栽培技术 ………………………… 44

　第一节　半高山无公害蔬菜栽培模式 ………………………… 44

　第二节　半高山夏季樱桃番茄栽培技术 ……………………… 45

　第三节　半高山夏季甜栗小南瓜栽培技术 …………………… 49

1

第四节　半高山夏季黄瓜栽培技术 ………………… 55

第五节　半高山夏季苦瓜栽培技术 ………………… 60

第六节　半高山夏季菜豆高产栽培技术 …………… 63

第四章　山区无公害蔬菜冬季大棚栽培技术 ……… **66**

第一节　冬季无公害蔬菜生产特点 ………………… 66

第二节　冬季无公害蔬菜生产技术 ………………… 67

第三节　冬春大棚茄子栽培技术 …………………… 72

第四节　冬春大棚辣椒栽培技术 …………………… 78

第五节　冬春大棚番茄早熟栽培技术 ……………… 81

第六节　冬春大棚黄瓜栽培技术 …………………… 84

第七节　冬春大棚食用地瓜叶栽培技术 …………… 88

第八节　大棚早熟西瓜无公害栽培技术 …………… 90

第五章　山区无公害蔬菜无土栽培技术 …………… **96**

第一节　山区居家蔬菜常见品种及种植时间 ……… 96

第二节　温室蔬果无土栽培周年生产茬口安排 …… 103

第三节　生菜与矮生菜豆简易基质栽培技术 ……… 110

第四节　叶菜类营养液膜（NFT）无土栽培 ……… 113

第五节　智能温室番茄、黄瓜等椰糠基质栽培系统操作技术

　　　 ………………………………………………… 121

第六节　山区玻璃温室自动化控制系统的设计及管理…… 131

参考文献 ………………………………………………… **136**

第一章 概述

第一节 山区蔬菜生产模式

如今，越来越丰富的蔬菜品种走进普通百姓的家庭，即使在炎热的夏季，人们的餐桌上也可见到以前只能在冬季吃到的新鲜蔬菜；与此同时，通过对一些农业基础设施的改良，特别是大棚蔬菜的兴起，曾经只能在春夏种植食用的蔬菜也可出现在冬季（利用交通工具得以实现的另当别论）。这些都主要归功于"高山蔬菜"及"设施蔬菜"的栽培。

一、高山蔬菜栽培

利用高山区夏秋季独特的冷凉气候资源发展夏秋季蔬菜，能使资源和劳力要素的配置更为合理，有效地形成生产能力，从而获得高质量和高效益的产品。这是许多高山区发展蔬菜的成功经验。闽东、闽北、闽西等地处山区，是发展高山蔬菜的理想地区。近几年来，延平区的茫荡镇，政和县的杨源乡、镇前镇，以及蒲城县和屏南县的高山乡镇，通过发展高山无公害蔬菜，已取得明显的经济效益。高山区乡镇已把它作为调整农业结构的主要方向和种植业的支柱产业。在广大山区，可充分利用本地特有的气候条件，可加大无公害蔬菜生产力度，提高科技含量，创高山绿色蔬菜品牌产品，以提高市场竞争力和经济效益。

高山蔬菜栽培目前在山区主要有以下 3 种栽培方式：高山（海拔 800 米以上）夏季栽培，半高山（海拔 500~800 米）夏秋季节栽培，山区大棚保温冬季栽培。

二、大棚蔬菜生产

近年来，山区大棚蔬菜发展较快，取得显著的经济效益。山区发展蔬菜产业已把重点放在大棚蔬菜上，发展的地区首先从各县（市）郊区以及部分交通方便、财力较好、农民积极性高的乡村开始，在搞好示范，取得经济效益后，就逐步向其他菜区推广。发展大棚蔬菜生产，可提高山区蔬菜生产的规模化、专业化、集约化水平和设施栽培水平，增强蔬菜的综合生产能力和抵御自然灾害的快速反应能力。

三、出口蔬菜生产

近年来，广大山区通过扶持和引进国内外蔬菜加工企业，发展精加工和深加工蔬菜，增加了蔬菜的附加值，为当地菜农脱贫致富开辟了一条新路。同时，发挥龙头企业的带动作用，以"订单"为纽带，连接基地，引导农民种植和加工适销对路的内销和出口蔬菜品种，为稳定市场和增加出口创汇作出贡献。

山区工业企业少，森林覆盖率高，青山绿水，环境污染少。同时，土地多，有高山（海拔 800 米以上），也有平原，可种蔬菜品种多、资源丰富，发展出口蔬菜具有较强的优势。加工出口企业以"公司＋农户"的合作方式，大力发展毛豆、荷兰豆、菜豆、薯芋类、萝卜、甘蓝类、小白菜等，外销主要出口日本等国家，以及台湾、香港等地区。政和、浦城、屏南等高山蔬菜的出口正在不断发展中。

当前，各地正着力抓好投资环境改善，积极招商引资，兴办出口蔬菜加工龙头企业，并选择环境条件好、无污染、集中连片的稻田，建立稳定可靠的出口蔬菜基地，引导农民种植适宜加工出口的蔬菜品种。同时要不断完善蔬菜市场建设，组建各种营销组织、行业协会等，加强蔬菜的生产、购销、信息、服务功能，促进了无公害蔬菜产业的持续发展。

第二节　山区现代生态农业模式

山区是福建的绿色腹地，农业生产、农产品加工是闽北人的主要活动。为促进山区农业生产、农民生活、环境生态达到循环和谐共处，"建设福建绿色腹地，打造山区现代生态农业"的工作目标。通过在山区的科技下乡实践，笔者总结了山区现代生态农业模式，其环节和关系如图 1-1。

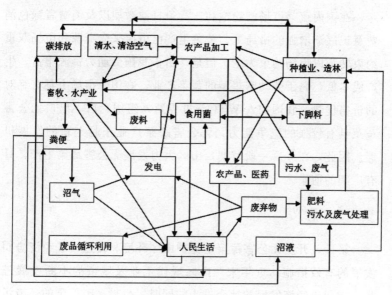

图 1-1　山区现代生态农业模式结构模式

3

该模式具有普遍适应性，可向以农业生产为主区域推广。模式框架部分说明：（1）畜牧业、种植业（含食用菌）、农产品加工、人民生活，是人们的主要活动事项；（2）清水、清洁空气、发电、农产品、医药，是人们赖以生存的物质；（3）排放的碳、粪便、废弃物、污水、废气、废料、下脚料，是畜牧生产及人们活动所造成的环境污染；（4）沼气、废品循环利用、沼液、肥料、污水及废气处理，是人们生产、生活等所必须采取的中间处理环节；（5）种植业、造林，循环利用污染物后回赐给人们清水、清洁空气。

第三节　无公害蔬菜生产发展前景及意义

一、前景

在国内蔬菜市场已趋饱和、竞争日益激烈以及消费者绿色消费意识逐渐增强的格局下，蔬菜生产已由原来受资源和市场双重约束转为以市场约束为主。但是，由于我国劳动力资源丰富，生产成本低，属于劳动密集型的蔬菜产业，在国际市场上具有绝对的价格优势。我国加入WTO（世界贸易组织）后，出口无公害蔬菜具有较强的竞争能力，无公害蔬菜产业正赶上新的发展机遇。因此，在今后一段时期，山区大力发展无公害蔬菜生产，具有广阔的前景。

二、意义

第一，开发无公害蔬菜是保护山区环境和促进山区经济协同发展的有效措施。近年来，山区现代工业及城市的不断发展进步，在促进经济发展和社会进步的同时，也带来了严重的环境污染。蔬菜是人们每天离不开的重要副食品，但由于菜田受到污染的日益加重，大量受污染的蔬菜被人们食用，严重危害人们的身体健康。因此，开发无公害蔬菜不仅是保护山区环境与保护市民自己的重大举措，而且是推动蔬菜再上一个新台阶的有效措施。

第二，开发无公害蔬菜是山区发展经济和社会进步的必然。山区人民在解决温饱的基础上要实现小康生活水平，就需要不断提高生活质量，其中食品质量特别是人们天天吃的蔬菜质量更引起广泛的关注。因此，开发无公害蔬菜成为解决山区环境污染与提高山区人民生活质量这一矛盾的突破口。

第三，开发无公害蔬菜是促进山区蔬菜科技进步的动力。在无公害蔬菜开发中，必然要把先进的科学技术同传统农艺精华相结合，这不仅可改革现有的传统栽培与耕作制度的观念及生产技术，同时也避免石油农业产业的许多弊端，坚持走生态农业的可持续发展的道路，达到"两高一优"的生产目标。

第四，开发无公害蔬菜是提高山区农业生产经济效益的重要措施。开发无公害蔬菜，通过严格的监督和检测，不仅把住了蔬菜污染关，保证了人民身体健康，而且提高了产品档次，增强了蔬菜产品的市场竞争力，更有力地推动山区农业的发展。

无公害蔬菜生产对于推广山区农业科技进步（图1-2），促进

图1-2　作者在传授高山蔬菜栽培技术

农业产业化经营，实现品种优质化、生产规模化、经营集约化，实现农业经济跳跃式发展，具有重要的现实意义。

第四节 从源头控制污染

一、控制农药的污染

蔬菜残留农药有机磷能引起神经功能紊乱，出现一系列神经毒性表现，重者中毒死亡。但在目前的条件下，无公害蔬菜的生产还离不开化学农药，因此在使用农药的过程中，必须遵守"严格、准确、适量"的原则。

1. 严格选择用药品种

无公害蔬菜生产使用农药应有严格筛选，优先使用生物农药和物理防治方法（图 1-3），有选择地使用高效、低毒、低残留

图 1-3 大棚蔬菜栽培中挂黄板防虫

的化学农药。蔬菜体内农药残留量与最后一次施药距采收时间的长短关系密切。间隔期短，则农药残留量多；反之则少。因此，生产者一定要严格掌握各种农药的安全间隔期。尽管福建省2000年2月15日发布的《无公害蔬菜生产技术规范》（福建省地方标准DB35/T101—2000）因故于2017年6月22日废止（福建省质监局公告〔2017〕2号），但其具体指标仍有参考价值。

2. 准确把握适期

任何病虫害在田间发展都有一定的规律性，根据病虫的消长规律，讲究防治政策，准确把握防治适期，对症下药，有事半功倍的效果。同时，根据病虫在田间的发生情况，选择施药的方式十分重要。如能挑治的，决不补治；能局部处理的，决不要普遍用药。无公害蔬菜的生产要尽量灵活用药，做到施最少的药，达到最理想的防效。

3. 适量用药

适量用药是科学用药的重要手段。在一般生产者中存在某些用药误区，他们认为用药量越多，杀虫和治病效果越好。什么样的病虫害，用什么药，用多少剂量，都应该严格掌握。否则，不但治不好病，还会产生很大的副作用。另外，农药一定要交替使用，以增强药效。如需用混配农药的，应现配现用，在混用前需查"不可混用农药查对表"。

二、控制硝酸盐的污染

蔬菜中的重金属、硝酸盐污染属于慢性积累中毒，是导致癌症、精神分裂症、软骨病等多种疑难怪病的因素之一。

1. 施用有机肥

有机肥料具有保持地力、减少污染的优点。在蔬菜上施用有机肥，可减少其体内硝酸盐含量，是一项降低蔬菜硝酸盐的有益农业措施。大量施用化肥，蔬菜体内硝酸盐含量比少施或不施化肥而代之农家肥的高出 1 倍以上。施用有机肥料减少蔬菜中硝酸盐积累的原因，一方面与生物降解有机质、养分释放缓慢可更好地适合蔬菜对养分的吸收有关；另一方面可能与有机质促进了土壤反硝化过程、减少了土壤中硝态氮浓度有关。

2. 合理施用氮肥

无公害蔬菜生产禁止使用硝态氮肥。碳酸氢铵适应性广，不残留有害物质，任何作物都适宜施用，但施用时要尽量避免挥发损失，防止氨气毒害作物。氯化铵中的氯根能减弱土壤中硝化细菌活性，从而抑制硝化作用的进行，使土壤中可供作物吸收的硝酸根减少，降低作物硝酸盐含量。氯化铵属生理酸性肥料，因此在酸性土壤上要慎用，薯类、瓜类等忌氯品种不宜多施。尿素、硫酸铵也都是无公害蔬菜生产允许使用的氮素肥料，生产上应根据实际情况选择应用。追施氮肥后要间隔一段时间采收，使作物在收获前吸收的硝酸根被同化掉。容易累积硝酸盐的速生叶菜，追施氮肥的间隔期最好是 1 周以上。

3. 施用辅助微生物肥

无公害蔬菜生产允许使用的微生物肥包括根瘤菌肥、固氮菌肥、磷细菌肥、硅酸盐细菌肥、复合微生物肥、光合细菌肥等。微生物肥可扩大和加强作物根际有益微生物的活动，改善作物营养条件，是一种辅助性肥料，使用时应选择国家允许使用的优质产品。氨基酸微肥、腐殖酸肥料等，也是无公害蔬菜生产的辅助性肥料，应根据生产的实际需要选择使用。

4. 平衡施肥

平衡施肥就是根据土壤肥力状况及蔬菜对养分的需求进行施肥。一般亩（1 亩＝1/15 公顷，全书同）生产 100 千克蔬菜的吸钾量为 0.3～0.5 千克，钾、氮、磷、钙、镁的吸收比例大致为 8：6：2：4：1。当季作物肥料利用率大致为：氮素化肥 30%～45%、磷素化肥 5%～30%、钾素化肥 15%～40%。有机肥料的养分利用率比较复杂，一般腐熟的有机肥及鸡鸭粪的氮、磷、钾利用率为 20%～40%，猪厩肥的氮、磷、钾利用率为 15%～30%。无公害蔬菜生产，可采用猪粪、鸡粪等经过发酵脱水加工制成的商品有机肥，经充分腐熟的饼肥、鸡粪、饼粕、大豆的浸出液等作追肥，并可和化肥搭配或交替施用。实际生产上应根据蔬菜的需肥规律、土壤的供肥特性和实际的肥料效应，制定确保蔬菜无公害的平衡施肥技术。

5. 增强光照

保证正常光照，是硝酸盐在植物体内同化并降低其浓度的决定条件之一。露地和保护地条件下当光照强度降低 20%，蔬菜硝酸盐含量增加 150%。强光照下可使菠菜的硝酸盐含量较之弱光照来得低。正常光照条件下，光合作用良好，植株生长量大，吸入的硝酸盐可被稀释而不致积累太多，同时还促进硝酸还原酶的合成，提高其活性，并为硝酸还原酶提供能量，因此有利于硝酸盐含量的下降。

总之，只有大力发展无公害蔬菜的生产，从源头上严格控制农药、硝酸盐的污染，才能提高山区蔬菜在国内、国际市场上的竞争力。

第二章　高山无公害蔬菜栽培技术

高山无公害栽培就是因为在炎热的夏秋季，由于气温高的缘故，不耐热蔬菜无法种植；而在高海拔山区，由于气温随海拔升高而降低，那里较低海拔地区凉爽，就可以种植平川地区因高温而不能种植的蔬菜。高山蔬菜栽培目的是在8～10月份蔬菜"秋淡"季节，为市场提供花色丰富的新鲜蔬菜。因此，必须要以上市期为依据，根据各品种的生育期合理安排播种期。

高山蔬菜应按不同的海拔高度，规划种植不同的蔬菜，如海拔在800米以上的，我们称其为高山，可种植花椰菜、青花菜、萝卜、大白菜、甘蓝、莴笋、香菜等。

第一节　高山无公害蔬菜栽培技术要点

高山无公害栽培适宜的海拔高度最好为800米以上。海拔高、早熟品种，播种期应适当提前；海拔低、中熟品种，播种期则相应推迟。

一、选好耕地，合理轮作

土壤应选择耕作层深厚、沙黏适中、pH6.5～7.0、肥力中上、排灌方便的田块，并选择交通方便处，便于采收销售。同时每两年进行一次稻—菜或菜—稻模式的水旱轮作，以改善土壤的理化性状和减少土传性病害的发生。

二、选用高产、抗病、优质的蔬菜品种

适合半高山及高山栽培的各种蔬菜主要品种如下。

黄瓜：夏之光、津研系列、中农系列黄瓜、新秋棚 2 号黄瓜；

苦瓜：闽研 3 号、闽研 5 号、新翠苦瓜、如玉苦瓜、龙玉苦瓜；

南瓜：金玉（甜南瓜）、甜栗南瓜、健宝南瓜、密本南瓜等；

番茄：合作 903、石头番茄、冠群 3 号、冠群 6 号、水果型樱桃番茄等；

辣椒：湘研系列辣椒、长香辣椒等；

茄子：闽茄 3 号、闽茄 5 号、704 长茄等；

花椰菜：庆农系列、白玉花椰菜等；

甘蓝：绿丰、夏光、秋光等；

大白菜：夏阳白、淄研热抗王等；

萝卜：夏露、短叶十三、韩雪、汉白玉等；

长豇豆和四季豆有：金农 8 号、金绿牌四季豆、之豇 28、华豇等。

三、培育壮苗，合理密植

最好采用营养钵育苗。苗龄因品种而异，如辣椒为 40～45 天，番茄 30～35 天，大白菜 15～20 天，甘蓝和花椰菜 25～30 天。种植密度也因品种和生育期不同而异，甘蓝、大白菜亩种 2000～2200 株，辣椒、番茄亩栽 1600～1800 株。

四、科学施肥，适时灌溉

1. 基肥

基肥以土杂肥、禽畜粪为主，配合一定量的化肥。菜地翻犁

前亩施石灰 75～100 千克，翻犁晒白后亩均匀施入禽畜粪1500～2000 千克、过磷酸钙 50 千克、蔬菜专用肥 100 千克，耙细后起垄整畦。

2. 追肥

定植后 5～7 天及时施入起苗肥和发棵肥，每次施尿素 3 千克或碳酸氢铵 4～5 千克、磷酸二氢钾 1 千克，兑水 1000 千克浇施。大白菜、甘蓝等叶球类蔬菜在发棵期、莲座期和结球期前应重施追肥，亩施碳酸氢铵 25～30 千克、硫酸钾 10 千克或三元复合肥 20 千克。茄果类蔬菜在现蕾期，每次施含硫三元复合肥 20～25 千克，每隔 10～15 天施 1 次结果肥。

3. 水分管理

灌溉采用浇灌、沟灌、喷灌等方法。掌握晴天干旱要早、晚灌溉，雨季应及时排水、防涝，沙漏地应勤灌溉。一般叶菜类要求土壤湿度 60%～70%，茄果类 50%～60%，瓜类 45%～55%。同时及时做好中耕、除草和培土工作。

五、采用遮阳网覆盖

夏秋季，台风暴雨、强光照等不良天气对蔬菜生长发育极为不利，采用遮阳网覆盖栽培可增产增收。应用遮阳网覆盖栽培的蔬菜种类，主要有白菜等速生叶菜及夏秋甘蓝、花椰菜等蔬菜，覆盖的方法有浮面覆盖和拱棚覆盖，浮面覆盖即将遮阳网覆盖在地面上，以利出苗、齐苗和全苗，提高成活率。拱棚覆盖则为搭小拱棚进行覆盖，或直接利用大小棚的骨架进行覆盖。

覆盖时间的长短视作物种类、天气和栽培季节而定，一般高温干旱、光照强时覆盖时间可长些，阴天、天气转凉、日照时间少则覆盖时间可短些。

在进行遮阳网覆盖栽培时，应采取相应的栽培管理措施。揭或盖遮阳网应根据天气情况及蔬菜对光照强度和温度要求灵活把握。一般应做到晴天盖，阴天揭；大雨盖，小雨揭；晴天中午盖，早晚揭；前期盖，后期揭。充分发挥遮阳网的遮光、降温和防暴雨作用，同时加强肥水管理和病虫害防治工作。

六、加强病虫害防治

坚持"预防为主，综合防治"的植保方针。首先应采用农业措施防治，主要有选用抗病良种、进行水旱轮作、种子消毒和土壤处理等方法。其次要根据病虫种类，选用最佳农药品种做到对症下药。用药浓度应按使用说明书要求配制。

1. 病害

(1) 病毒病 可选用 0.06％甾烯醇微乳剂、8％宁南霉素水剂、30％毒氟磷可湿性粉剂、5％氨基寡糖素水剂、6％寡糖·链蛋白可湿性粉剂或 20％盐酸吗啉胍可湿性粉剂等防治，并注意防治蚜虫、蓟马等害虫。

(2) 细菌性病害 主要有软腐病、青枯病、角斑病、黑腐病等。防治用药可选用 1000 亿孢子/克枯草芽孢杆菌可湿性粉剂、12％中生菌素可湿性粉剂、40％噻唑锌悬浮剂、30％噻森铜悬浮剂、20％噻菌铜悬浮剂、77％氢氧化铜水分散粒剂、3％噻霉酮可湿性粉剂或 50％氯溴异氰尿酸可溶粉剂（不建议与有机磷类农药混用；若需与其他农药混用，应先行混配试验）等。

(3) 真菌性病害 ①霜霉病可选用 80％代森锰锌可湿性粉剂、30％吡唑醚菌酯悬浮剂、10％氟噻唑吡乙酮可分散油悬浮剂、50％氟醚菌酰胺水分散粒剂、80％烯酰吗啉水分散粒剂、20％氰霜唑悬浮剂、722 克/升霜霉威盐酸盐水剂、52.5％噁唑·霜脲氰水分散粒剂、68％精甲·锰锌水分散粒剂或 80％三乙膦酸铝水分散粒剂等。②炭疽病可选用 80％代森锰锌可湿性

13

粉剂、25％吡唑醚菌酯悬浮剂、250克/升嘧菌酯悬浮剂（勿与乳油、有机硅混用）、70％甲基硫菌灵水分散粒剂、50％氟啶胺悬浮剂（限辣椒、番茄上使用）、25％咪鲜胺乳油或10％苯醚甲环唑水分散粒剂等。③疫病可选用70％丙森锌可湿性粉剂、80％代森锰锌可湿性粉剂、500克/升氟啶胺悬浮剂、10％氟噻唑吡乙酮可分散油悬浮剂、80％烯酰吗啉水分散粒剂、60％吡唑·代森联水分散粒剂、64％噁霜·锰锌可湿性粉剂或72％霜脲·锰锌可湿性粉剂等。④锈病在豆类和茭白中最为常见，可用10％苯醚甲环唑水分散粒剂或40％腈菌唑可湿性粉剂等防治。⑤白粉病可选用80％硫黄干悬浮剂、25％乙嘧酚悬浮剂、25％吡唑醚菌酯悬浮剂、50％醚菌酯水分散粒剂、12.5％腈菌唑水乳剂、10％苯醚甲环唑水分散粒剂、430克/升戊唑醇悬浮剂或4％四氟醚唑水乳剂等。

（4）**线虫病** 可用石灰中和土壤酸性以及选用2亿孢子/克淡紫拟青霉粉剂、0.5％阿维菌素颗粒剂、10％噻唑膦颗粒剂等防治线虫。

2. 虫害

（1）**小菜蛾（吊丝虫）** 可选用100亿孢子/毫升短稳杆菌悬浮剂、苏云菌杆菌、多杀霉素、阿维菌素、甲氨基阿维菌素苯甲酸盐、氟啶脲、氟铃脲、丁醚脲、茚虫威、虫螨腈、氯虫苯甲酰胺、高效氯氰菊酯等药剂防治；对农药抗性强的，可选用化学药剂复配或与微生物药剂混用来提高防效。

（2）**菜青虫** 控制在幼虫3龄前防治，可选用100亿孢子/毫升短稳杆菌悬浮剂、32000IU（为国际单位International Unit缩写，下同）/毫克苏云金杆菌可湿性粉剂、25％灭幼脲悬浮剂、2.5％高效氯氟氰菊酯水乳剂、1.8％阿维菌素乳油、45％甲维·虱螨脲水分散粒剂或150克/升茚虫威悬浮剂等。

14

(3) **斜纹夜蛾** 在 3 龄幼虫钻入叶球前进行防治，4 龄后昼伏夜出可在傍晚进行防治。药剂采用 100 亿孢子/毫升短稳杆菌悬浮剂、10 亿 PIB（为多角体 pdyhedral inclusion body 的缩写，下同）/毫升斜纹夜蛾核型多角体病毒悬浮剂、25％甲维·虫酰肼悬浮剂、240 克/升虫螨腈悬浮剂、5％高氯·甲维微乳剂或 34％乙多·甲氧虫悬浮剂等药剂防治。

(4) **棉铃虫及烟青虫** 棉铃虫以为害番茄为主，烟青虫以为害辣椒为主，防治上掌握在钻果前（3 龄前）选用 600 亿 PIB/克棉铃虫核型多角体病毒水分散粒剂、100 亿孢子/毫升短稳杆菌悬浮剂、3％甲氨基阿维菌素苯甲酸盐微乳剂、4.5％高效氯氰菊酯乳油、50 克/升虱螨脲乳油或 10％溴氰虫酰胺可分散油悬浮剂等药剂防治；也可用黑光灯、频振式杀虫灯诱杀成虫。

(5) **豇豆荚螟和豆荚螟** 这两种虫是菜豆、豇豆类的主要害虫，成虫产卵于嫩荚和花蕾上。初孵幼虫经短时间活动便蛀花危害，幼虫 3 龄后入荚蛀食豆粒并有多次转移为害习性。喷药以早晨 8 时前花瓣张开时为好，使虫体充分接触农药，以花荚喷药为主。可选用 100 亿孢子/毫升短稳杆菌悬浮剂、32000IU/毫克苏云金杆菌可湿性粉剂、30％茚虫威水分散粒剂、50 克/升虱螨脲乳油或 200 克/升氯虫苯甲酰胺悬浮剂。

(6) **蚜虫** 可用 99％矿物油乳油（高于 35℃ 以上慎用，下同）、10％烯啶虫胺水剂、20％呋虫胺悬浮剂、70％吡虫啉水分散粒、5％啶虫脒乳油或 22％氟啶虫胺腈悬浮剂等。

(7) **黄守瓜** 瓜类的主要害虫，以成虫为害瓜苗的叶和嫩茎，常引起死苗，也为害成瓜和幼瓜。幼虫在土内蛀食瓜根，导致瓜苗枯死，还可蛀入近地表的瓜内为害，造成减产。防治幼虫可用 80％敌敌畏乳油灌根；成虫为害时，可于早晚喷 90％敌百虫可溶粉剂等防治。

（8）**茶黄螨和叶螨**　可选用 99％矿物油乳油、24％螺螨酯悬浮剂、20％乙螨唑悬浮剂或 1.8％阿维菌素乳油等。

（9）**地下害虫**　种类有蛴螬、蝼蛄、小地老虎、金针虫等，可选用 3％辛硫磷颗粒剂、4％联苯·吡虫啉颗粒剂或 90％敌百虫可溶粉剂等药剂防治；蝼蛄和金针虫可用毒饵诱杀或用糖醋液诱杀成虫。小地老虎 1～4 龄是用药适期。

（10）**蜗牛、蛞蝓**　取食蔬菜茎叶、幼苗，严重时造成缺苗、断垄。可用 6％四聚乙醛颗粒剂毒土措施。

第二节　高山夏季花椰菜栽培技术

花椰菜风味鲜美，粗纤维少，营养价值高，有"穷人医生"的美誉，每 100 克花球含蛋白质 2.4 克、碳水化合物 3～4 克、脂肪 0.4 克、维生素 C 88 毫克、胡萝卜素 0.08 毫克、磷 33～66 毫克、铁 1.8 毫克、钙 18 毫克。此外，还含有维生素 A、B_1、B_2，以及蔗糖、果糖、硒等。花椰菜能提高人体免疫功能，促进肝脏解毒，增强人的体质和抗病能力。含有的硒能够抑制癌细胞的生长。

一、特征特性

花椰菜是十字花科芸薹属甘蓝种中由甘蓝演化而来，以花球为产品的一个变种，又称白花菜，原产于欧洲，100 多年以前从欧美传入我国。花椰菜叶披针形或长卵形，叶色浅蓝绿，有蜡粉。花球由肥嫩的主轴和 50～60 个一级肉质花梗组成。正常花球呈半球形，表面呈颗粒状，质地致密。

花椰菜为半耐寒性蔬菜，喜温暖湿润的气候，不耐炎热干燥，也不耐长期霜冻。种子发芽适温 20～25℃，生长适温 15～

25℃，超过 25℃幼苗易徒长；花球形成要求凉爽气候，从 5～25℃都可通过春化阶段，但适温为 10～20℃，最适宜温度为 14～18℃。早熟品种要求的温度较高，晚熟的品种要求较低。

二、品种的选择

由于夏秋季栽培花椰菜，其整个生育期都处在高温环境中，这就要求我们选择耐热、抗病的早熟品种，主要有白玉 60 天、庆农 65 天、禾峰 65 天、高山宝 60 天、雪宝 55 天等。

三、育苗技术

1. 育苗前的准备

要选择地势高燥、通风凉爽、能灌能排、土壤肥沃的地块做苗床。于播种前深翻晾晒。打碎土块，每畦施腐熟过筛的优质农家肥 100～150 千克、三元复合肥 0.5 千克，然后与土壤混匀。按宽 1.3 米左右、长 6～7 米做畦。在畦与畦之间挖宽 30 厘米、深 10～15 厘米的沟，畦间沟与排水沟相连，以利排水。

2. 播种

根据海拔高低可在 5～8 月份播种，海拔越高可越早播种。在 5～8 月高温多雨季节，撒播育苗不仅难于保全苗，而且分苗后不易成活。为了克服这一难题，现多采用营养土块育苗法（不分苗）。具体做法是：在事先准备好的苗床上浇透水，并把畦面抹平整，然后按 6～8 厘米见方在苗床上划方格。通过 2～3 小时晾晒后，在方块中央用手指（或棍子、竹竿）扎眼，深度不要超过 0.5 厘米，按穴播种，每穴 1 粒（陈种每穴 2～3 粒）。播种后覆盖 0.3 厘米左右厚的过筛细土，并在苗床上覆盖一层稻草（可保湿防晒），后浇一次水，2～3 天后撤去稻草。有条件的，最好采用营养钵育苗。

3. 苗期管理

播种后及时搭上荫棚，可用遮阳网加塑料薄膜做成小拱棚，防暴雨，防暴晒。但盖薄膜切忌盖严，四周须离地面 20～30 厘米，以利通风降温，防止烤苗。出苗后遮阳网要按时揭盖，一般晴天上午 10 时左右盖上。下午 4 时左右揭开，阴天不盖，阵雨时临时加盖薄膜，逐步减少遮阴时间；至定植前几天，完全不盖，进行炼苗。当幼苗出齐浇水后，在幼苗根际薄覆含腐殖质细土 1～2 次，避免根部外露和倒伏，还可保墒，降低土温，调节小气候。苗期可视菜苗生长情况，追施 1～2 次稀薄有机肥或尿素，用尿素追肥应注意追肥后立即浇水，洗去沾在叶片上的肥料。

出苗后就要及时防治病虫害。苗期主要病害有立枯病、猝倒病、霜霉病等。虫害有菜青虫、小菜蛾、蚜虫（防治方法见以下"大田栽培与管理"的 5）。

四、大田栽培与管理

1. 定植前的准备

选择土壤肥沃、能灌能排的田块栽植，切忌与十字花科蔬菜连作或重茬，否则病虫害较重。最好是选择壤土或黏质壤土，施足基肥，夏秋无公害花椰菜品种多为早熟品种，生长期短，对土壤营养的吸收比中晚熟品种少，但生长迅速，对营养的要求迫切，基肥应以速效性的"氮磷钾"复合肥为主。一般以腐熟的有机肥或复合肥与腐熟的农家肥混合施用。按沟宽 20 厘米整地，按宽 1 米、长 10 米左右作畦，并开种植穴，行距约 40 厘米，株距 40 厘米。福建政和县杨源乡农民采用双行三角形种植，改变原来双行平行种植，以提高光能利用率。定植前每亩将厩肥 3000～5000 千克、钙镁磷肥 25 千克、多元素硼锌肥 0.7～1 千克作基肥，施入种植穴底，与穴底土壤拌匀。

2. 定植

由于在夏季种植早熟品种，整个生育期都处在高温环境中，植株生长较快，很容易早花，应严格控制苗龄在 20 天左右。当幼苗长到 4～5 片叶时，定植前 1 天浇水，以便定植时起苗。为了避免刚刚栽植的幼苗受到中午强光和高温的伤害，宜于阴天或傍晚定植。起苗要做到土不散苗、不伤根，随起随栽。定植后随即浇水。干旱时，栽后 2～3 天宜每天浇水，以利缓苗。

3. 田间土肥水管理

为获得高产优质的花球，在通过春化之前必须具有强大的叶簇，因此，叶簇生长期间要及时满足其对水分和养分的要求，使叶簇适时旺盛生长（图 2-1）。

图 2-1 花椰菜叶簇旺盛是高产的保证

缓苗后进行第一次追肥，亩施硫铵 15 千克或尿素 10 千克，并浇水中耕，促进莲座叶生长。浇两次水后，浅中耕一次。约 7 天后进行第二次追肥，每亩施复合肥 15～20 千克（45% 的氮、磷、钾复合肥），随后浇水。以后视植株生长情况再施 1～2 次薄肥。心叶开始旋拧时，每亩追施 15 千克复合肥、5 千克尿素和 10 千克硫酸钾（或相当数量的草木灰），以后根据情况及时再追肥和浇水。缺硼、钼元素的地块，要根外追硼肥和钼肥 1～3 次，浓度为 0.2%～0.5%。在高温干旱时，除追肥、浇水外，还要进行沟灌（宜灌"跑马水"）。总之，定植后保持土壤湿润、营养充足、不受涝、不受旱。在整个生育期内，肥水管理应一促到底。如遇台风季节，应结合中耕除草进行培土，防止大风吹倒植株，影响正常生长。

4. 穿叶护花

当花球长到 7～8 厘米大时，采用穿叶护花法，保护花球，即把外叶累叠起来，用竹签穿住，盖严花球，保证花球色白，提高花球品质。折叶盖球易发生断叶，一则影响植株生长，二则伤口容易让病菌侵入，引发病害。穿叶护花技术比折叶盖球技术亩增产 5%左右。

5. 病虫害的防治

花椰菜的病害主要有立枯病、猝倒病、霜霉病、病毒病、黑腐病、细菌性黑斑病等。虫害主要有菜青虫、小菜蛾、蚜虫、斜纹夜蛾、小地老虎等。

（1）**立枯病和猝倒病** 主要在幼苗期发生，可在播种前或移栽前苗床浇灌 66.5%霜霉威盐酸盐水剂 5～8 毫升/米^2。发病初期，可选用 75%百菌清可湿性粉剂 600 倍液或 70%代森锰锌可湿性粉剂 500 倍液药剂，每 7 天喷 1 次，防治 1～2 次。

（2）**霜霉病** 发病初期要及时防治，可用 250 克/升嘧菌酯悬浮剂 60 毫升/亩喷雾；已发病的，可选用 68%精甲霜·锰锌水分散粒剂 100 克/亩、722 克/升霜霉威盐酸盐水剂 800～1000 倍液或 80%烯酰吗啉水分散粒剂 20 克/亩喷雾，5～7 天喷 1 次。

（3）**病毒病** 苗期防蚜虫至关重要，要尽可能把传毒蚜虫消灭在传毒之前。防治蚜虫可选用 70％吡虫啉水分散粒剂 2 克/亩、25 克/升高效氯氟氰菊酯乳油 30 毫升/亩、1.3％苦参碱水剂 35 毫升/亩、10％溴氰虫酰胺可分散油悬浮剂 30 毫升/亩。防治病毒病可用 0.03％甾烯醇微乳剂 60 毫升/亩喷雾，8％宁南霉素水剂 75 毫升/亩，5～7 天喷 1 次，连续喷 2～3 次。

（4）黑腐病、软腐病、角斑病　它们都属于细菌性病害，防治药物基本相同可兼治。发病初期及时拔除病株，成株发病初期开始喷洒 30％噻森铜悬浮剂 100～135 毫升/亩，或选用 77％氢氧化铜可湿性粉剂 150～200 克/亩、12％中生菌素可湿性粉剂 30 克/亩、100 亿芽孢/克枯草芽孢杆菌可湿性粉剂 60 克/亩，隔 7～10 天喷 1 次，连续防治 2～3 次。

（5）菜青虫或小菜蛾　两种虫可兼治。可选用 100 亿孢子/毫升短稳杆菌悬浮剂 800 倍液、20 亿 PIB/毫升甘蓝夜蛾核型多角体病毒 90～120 毫升/亩、5％氟铃脲乳油 37.5～75 克/亩、5％甲氨基阿维菌素苯甲酸盐水分散粒剂 5 克/亩、150 克/升茚虫威悬浮剂 18 克/亩或 2.5％高效氯氟氰水乳剂 20～50 毫升/亩等药剂。

总之，药剂防治病虫害都要求几种药剂交替使用或混用，切忌常年连续使用单一种类的农药，以减缓抗药性的产生。

五、收获

花椰菜花球的采收期比较长，要分批采收。若要整批采收，在花球 6 厘米左右时，只需喷施一次浓度为 105 毫克/千克的甲哌鎓就能使庆农花椰菜的采收一致性达 90％，基本能达到成片种植一次采完的要求，从而也提高了花椰菜的商品质量（使产品成熟度均匀一致）和商品价值。如果花球受太阳强光照射，色泽则会由纯白变淡黄，有时还会长出黄毛和小叶，降低品质，所以当小花球（拳头大时）出现后，要穿叶护花防晒。另一种方法是用稻草将内叶束捆包住花球，这些方法虽费工，但效果很好。

当花球已经充分肥大、质地致密、表面平整、花球没有散开时为采收适期。采收时砍下花球，每个花球带 6～8 片叶子，以够保护花球为度，避免在装篮（袋）运输中损伤。采收过早影响产量，过晚则品质下降。

第三节　高山夏季青花菜栽培技术

青花菜，又名西兰花，原产地中海，是甘蓝的一个变种，它与花椰菜很相似，是花菜中的上品。青花菜是目前我国出口蔬菜的主要品种。发展青花菜生产（图 2-2），可更好地利用山区独特的气候条件，调整蔬菜产业结构，促进出口创汇蔬菜生产。主要栽培的青花菜品种有绿风、富士绿、绿带子、山水等，每亩产量达 750～1000千克，产值 2000～3000 元，净产值 1800～2800 元。

图 2-2　山区栽培青花菜

一、特征特性

青花菜对温度的要求与花椰菜基本相似。青花菜的花球是由缩短的肉质茎和许多蕾群组成的，它青翠美丽，爽脆可口，营养丰富，是一种色、香、味、型、营养及耐煮性俱全的名菜。

据分析，青花菜的营养成分比花椰菜高很多，每百克青花菜的蛋白质含量为 4.1 克，脂肪为 0.6 克，分别比花椰菜高出 3 倍和 2 倍，尤其是胡萝卜素含量更高，为 7.2 毫克。其他维生素的含量也较高，如维生素 B_1、B_2、B_5 和维生素 E、C 皆为花椰菜的 3～4 倍。青花菜耐煮，煮熟透时仍保持青翠、爽口。将青翠欲滴的青花菜与红艳艳的辣椒、金灿灿的胡萝卜和圆滑滑的肉丸拼盘造型，放入蒸笼（或锅）隔水蒸熟，再加上调味芡，即为一道色彩鲜艳、质地鲜嫩、清新爽口、配料科学、营养丰富、装盘雅致的美食佳肴，这种菜式是家庭主妇容易制作和令人赞赏的菜式。

二、培育壮苗

1. 播种期选择

高山无公害栽培青花菜的采收上市期要求在 8 月下旬至 11 月，故播种期应选择在 6 月中旬至 7 月中旬。海拔高、早熟品种其播种期应适当提前；海拔低、中熟品种，播种期则相应推迟。根据订单企业要求，可分期分批播种，以达到均衡应市。

2. 播种育苗

采用小拱棚防雨育苗。种子经温水浸种消毒，拌药撒播，每 15 克种子需苗床 10 米²；播前浇足底水，播后盖 1 厘米厚细土，平铺薄膜保湿，支架遮阳网降温。播后 2～3 天，有 70% 种子出苗时，于傍晚揭掉薄膜，晴天 10～16 时覆盖遮阳网降温。2 叶龄（出苗后 8～10 天）时移入 10 厘米×10 厘米营养钵，4 叶龄（约出苗后 20 天）定植大田。

三、土地整理

1. 土地选择

海拔 700～1200 米的高山地带均可种植青花菜。要求土层深厚，疏松肥沃，排灌方便，海拔低的地块选偏坐西朝东背风地块为好。以上午有太阳下午阴的小气候条件的地块为佳。高山多梯田，隔一定距离做一水塘，可利用自然落差用皮管浇灌，以减少劳动强度。

2. 整地做畦，施足基肥

土地翻耕后做成畦宽 1.3 米，畦中间开沟施入基肥。一般每亩施农家肥 2000 千克以上，可以结合清理田埂田边杂草，将其一并压入作基肥，配施过磷酸钙 25 千克、氯化钾 10 千克、尿素 10 千克、硼酸 2 千克或三元复合肥 30 千克、硼酸 2 千克，再在畦面撒施生石灰 50 千克与表土拌匀，平整畦面。

四、定植与大田管理

1. 栽培密度

每亩栽 2200～2500 株，早熟品种密些、中熟品种疏些。双行平行种植，栽后浇足定根水。

2. 中耕除草与割草覆盖

栽后 7 天至封行前，至少进行 2 次中耕除草，并割草进行覆盖，以利降低表层土温、保持水分、减少杂草生长。

3. 肥水管理

高山无公害青花菜施肥原则是：施足基肥、早施追肥、重施蕾肥、不偏施氮肥、增施磷钾肥。一般在定植后 7 天浇施 1 次稀薄有机肥或亩施 3～5 千克硫酸钾复合肥；之后结合中耕除草，看苗情追施；现蕾（花球有拇指大时）随浇水亩施尿素 10～15 千克、氯化钾 5～10 千克。结合病虫害防治，每隔 7～10 天喷施复硝酚钠（爱多收）或磷酸二氢钾等，以提高产量和增强抗性。

4. 病虫害防治

参照高山无公害花椰菜无公害栽培技术。

5. 及时采收

高山无公害种植青花菜应在花球充分长大、边缘尚未开裂时采收，一般每隔 1～2 天采收一次，晴天在上午 10 时前或午后 4 时后采收，阴天全天可采，并及时分级包装，冷藏保鲜运输。

第四节　高山夏季大白菜栽培技术

高山地带覆盖着茂密的森林，为无数条大小河流提供长流不息、清澈明亮的水资源。这些地带冬无严寒，夏无酷暑，梯田、台地主要分布于山腰河谷，光温适宜，土壤疏松肥沃，对发展山区无公害大白菜提供了极为有利的自然条件。夏季我国的北部、中部和东南沿海及周边国家，气候炎热、干旱，台风、暴雨频繁，难以生产大白菜。福建省山区夏季无公害大白菜的生产，实行"公司＋农户"的订单农业，产品以外销为主，取得了较好的经济效益。一般大白菜亩产量稳定在 6000～7000 千克，产值 3000～3500 元。

一、温度要求

一般来说，大白菜发芽的适温为 20～25℃，超过 30℃，幼芽受损害。幼苗期的适温为 22～25℃；从萌芽开始低于 12℃就会感受低温春化；10℃以下生长缓慢；5℃以下生长停止。莲座期的适温为 17～20℃，结球期的适温为 12～22℃。早熟种耐高温能力强，高温下仍有结球能力。

二、种植技术

1. 选择抗性强、抗性好的良种

可选择夏阳白、淄研热抗王、淄研热抗王 50 和春秋王等杂交一代良种。因为这些杂交种抗性强，只要在栽培中改进耕作管理技术，加强中后期水肥调控，即可形成较大叶球，获得丰产。如淄研热抗王系列品种，极早熟，生育期 50 天。抗 36℃ 的高温，耐湿。抗病毒病、霜霉病、白斑病和软腐病。叶色淡绿，叶面皱缩、无刺毛，叶柄淡绿。叶球叠抱卵圆形。球叶洁白细嫩、纤维少，口味甘甜。单球重 1.5～2.0 千克。亩产净菜 4500～5000 千克。亩用种量 0.2 千克。

2. 选择适宜播期

海拔 800～1200 米的地区，适播期是 5～6 月。播种过早，气温、水温、地温都较低，易抽薹，且不紧实，产量低，耐贮性下降；播种过晚，后期高温多雨，田间湿度大，病害严重，从而影响外销率。对此，应抓住当地气温稳定通过 12℃ 时及时播种。

3. 播前种子处理

高海拔地区生产无公害蔬菜，气温由低到高，且伴随多雨，而大白菜对温度的要求则是由高到低，后期温度调控不当发病率高。所以播种前一定要搞好种子处理，消灭外来病原菌。做好以防为主是搞好无公害蔬菜的重要环节，种子处理方法有三种：一种是热水烫种，用 50～55℃ 的热水烫种 10 分钟，烫种时搅动种子；第二种是药液浸种，可选用 0.3%～0.4% 的高锰酸钾溶液、1∶150 的生石灰水、1∶250 的硫酸铜溶液，浸种 15 分钟即可播种；第三种是药粉拌种，用种子重 4%～5% 的 70% 百菌清可湿性粉剂、32％精甲·噁霉灵种子处理液剂、69％烯酰·锰锌可湿性粉剂拌匀种子直播。

4. 选地、深耕暴晒、施足基肥

栽培夏季大白菜应选择土层深厚肥沃，保水保肥力强，易灌利排的梯田、台地种植（图2-3）。前茬收获后应及时翻耕，暴晒10～15天，使土壤疏松，透气性增强，更有利大白菜根系生长。整地时每亩撒施厩肥3000千克，与土壤混合均匀，将大田整平，为开沟作畦和排灌奠定良好基础。

图2-3 大白菜宜选梯田台地上种植

5. 开沟作畦规范化

开沟作畦既要有利于大白菜生长前期的灌水、保水与保温，又要不误中后期多雨季节的抗旱、排涝、控制田间湿度。对此，要以120厘米宽划线开沟，作成沟深20～25厘米、畦面宽65～

75厘米的规范化条畦。作畦时要求保持畦上土壤细碎、疏松平整一致，以便覆盖地膜保水蓄肥。采用双行三角形种植，即在作好的畦面上打两行穴，呈"三角形"排列，穴距30～35厘米，亩打2500～3000穴。

6. 磷钾肥施用、覆膜及播种

(1) 磷钾肥施用 覆膜前先在作好的穴内侧施肥，亩施过磷酸钙50千克、硫酸钾10～15千克或三元复合肥50千克。大白菜生长期因遇多雨等因素引起缺肥，造成生长不良，影响产量和品质。这种施肥方法可克服缺肥现象的产生。

(2) 覆盖地膜 用幅宽100厘米的地膜覆盖栽培，既可加强田间保水保肥能力，又能提高菜田中后期的防雨排湿性能，为大白菜生长创造一个良好的生育生态环境。覆膜前先给穴内浇足播种水，同时在畦面的前头和两侧各开一条平直压膜小沟，然后覆盖地膜，用细土压严压实薄膜四周，以提高保蓄水肥能力。

(3) 直播 播种时用刀片对准穴心上的膜面纵横各划3～4厘米，成"十"字的开孔，然后从膜孔每穴播入3～4粒种子，播种后覆盖1：1的细粪土。这种方法的优点是种子集中，出苗快，幼苗能直接长出膜外，可保证商品菜基部圆正、外观好，提高商品率。

三、田间管理

1. 分次间苗、定苗与追肥

分次间苗、定苗可使夏季大白菜田间小气候相对稳定，有利于培育壮苗，防止病毒病发生。幼苗1～2片真叶时，间第一次苗，拔除弱苗及两片子叶大小不一的畸形苗，每穴留苗2株。间苗后3～4天追施一次有机液肥，或350～400倍的尿素液。追肥后12～14天选晴天中午定苗，每穴选留一株壮苗。定苗后一周，重施一次大肥，每亩用尿素20～25千克、钾肥10千克，于灌水前破膜深施于两株之间。

2. 灌水调控田间温湿度

夏季大白菜生长的前期，光照强、风大、干旱严重，加之小苗根系浅、需水量少，因此要"以肥代水"，轻浇勤浇，5～7天施1次肥。浇水要在下午进行，浇水后用细土封实膜孔。进入莲座期，应逐渐加大灌水量，提高田间湿度。为防止病毒及黑腐病发生，此期灌水时间应选晴天早晨气温、地温、水温都较低时进行，一般5～6天灌水1次。进入雨季，要疏通田间沟道，排除积水，将落入沟内的土挖起覆盖在膜面，除去膜下杂草。这样既加深沟道，保护薄膜，又有防雨减湿的作用。

3. 病虫害防治

夏季大白菜的主要病害有病毒病、软腐病、黑斑病、黑腐病等。防治上以农业措施配合生物及化学药剂的综合防治效果较好。选择生态良好的环境栽培，实行轮作；选用抗病品种；增施腐熟肥料，做好播前种子处理，深沟高畦配套地膜覆盖；合理密植，适时定苗，氮、磷、钾肥配合使用，发现中心病株及时拔除；前茬收获后彻底清洁田园，结合翻耕，撒施生石灰50～60千克/亩。病毒病发生初期用0.03%甾烯醇微乳剂60毫升/亩或8%宁南霉素水剂75毫升/亩，加入5%啶虫脒乳油20毫升/亩，全株喷洒；对初发软腐病、黑腐病，一是控制田间湿度，二是用100亿芽孢/克枯草芽孢杆菌可湿性粉剂60克/亩，或30%噻森铜悬浮剂100～135毫升/亩喷雾，50%氯溴异氰尿酸可溶粉剂50～60克/亩，选用其中一种喷施。三是用生石灰撒施发病部位；黑斑病可用4%嘧啶核苷类抗菌素水剂400倍液或10%苯醚甲环唑水分散粒剂50克/亩喷雾，都能收到良好防效。

夏季大白菜主要虫害有小地老虎、菜青虫、斜纹夜蛾、甜菜夜蛾等，防治上可用黑光灯诱杀和人工捕捉、投放毒饵，用短稳杆菌、苏云金杆菌、斜纹夜蛾多角体病毒制剂及苦参碱。

4. 收获

夏播大白菜的生长期一般为 60～70 天，采收过早或过晚，都不利于丰产丰收。对此要根据品种特性及市场需求，及时组织外运销售。采收一般在下午进行，做到采后及时运往收购点，入库预冷包装外运。

第五节　高山夏季萝卜栽培技术

萝卜是广大人民群众非常喜欢食用的一种蔬菜，过去，萝卜只在秋冬季栽培，不能满足人民群众对萝卜的周年需求。近年来，广大科技工作者和菜农对山区萝卜无公害栽培进行探索，并取得了成功，现将栽培技术介绍如下。

一、温度要求

一般来说，萝卜的发芽适温为 20～25℃。幼苗的适温为 15～20℃，能耐－2～3℃低温和 25℃较高温。肉质根发育的适温为 15～20℃，最适温 13～18℃；6℃以下，停止膨大；低于－1℃，肉质根受冻害。

二、品种选择

无公害栽培的夏萝卜应选择耐热性强、抗病性强的优质品种。如夏露、短叶十三、夏长白二号、夏美浓早生 3 号、夏抗 40 天、韩雪等品种。夏长白二号系从泰国引进的优良杂交种，抗病、抗热性强，生长速度快，产量高。肉质根长圆柱形，长 25 厘米，横径 6 厘米左右，入土部分占 1/2 左右，皮肉色白，单根重 0.5～1.0 千克。播后 45～50 天即可上市。夏美浓早生 3

30

号系日本一家种苗株式会社生产的杂交种，耐热性强，产量达5000多千克，高抗黄萎病。生育期 50 天左右。

三、选地与施肥

种植萝卜的土地，宜选择土壤富含腐殖质、土层深厚、排水良好的沙壤土，其前作以施肥多、耗肥少、土壤中遗留大量肥料的茬口为好，如早豇豆、黄瓜地等。深耕整地，多犁多耙，晒白晒透。在播前结合深耕，每亩撒施充分腐熟的有机肥 2000 千克、草木灰 100 千克、过磷酸钙 25～30 千克，耕入土中；或施腐熟的有机肥 2000 千克、三元复合肥 40 千克以上，一次施足基肥。以后看苗追肥。

四、适时播种

越夏栽培萝卜时，可根据夏秋淡季市场需求从 5～8 月分批播种。起畦栽培，畦宽 80 厘米、高 15～20 厘米，每畦双行，株行距为 20 厘米×（20～25）厘米，每亩 6000 株以上。一般每穴2 粒，4～5 叶时及时定苗为每穴一株。播种时一定要采用药土（如敌百虫、辛硫磷等）拌种或药剂拌种，以防地下害虫。同时，可喷施 36％甲基硫菌灵悬浮剂 400～1200 倍液，防治真菌性病害。播后除盖土外，还应进行覆盖，以保持水分，保证出苗迅速整齐。覆盖还可以防止暴雨造成土壤板结而妨碍出苗。覆盖物可用谷壳、灰肥等。播后盖土厚约 2 厘米，不宜超过 3 厘米；同时用遮阳网覆盖，保持田间湿而不渍。

五、田间管理与采收

1. 水分管理

萝卜需水量较多，水分的多少与产量高低、品质优劣关系甚大。水分过多，萝卜表皮粗糙，还易引起裂根和腐烂；苗期缺少水分，易发生病毒病。肥水不足时，萝卜肉质根小且木质化，苦辣味浓，易糠心。

栽培上要根据萝卜各生长期的特性及对水分的需要均衡供水，切勿忽干忽湿。播种后浇足水，大部分种子出苗后要再浇 1 次水，以利全苗。定植后，幼苗很快进入叶子生长盛期，此时要适量浇水。营养生长后期要适当控水，防止叶片徒长而影响肉质根生长。植株长出 12～13 片叶时，肉质根进入快速生长期，此时肥水供应应充足，可根据天气和土壤条件灵活浇水。大雨后必须及时排水，防止水分过剩沤根，产生裂根或烂根。高温干旱季节要坚持傍晚浇水，切忌中午浇水，以防嫩叶枯萎和肉质根腐烂。收获前 7 天应停止浇水。

2. 施肥管理

萝卜对养分也有特殊的要求，缺硼会使肉质根变黑、糠心，每亩应施硼砂 5 千克。追肥时期原则上着重在萝卜膨大期以前施用，追施氮肥可用有机肥与化肥，切忌浓度过大或靠根部太近，以免烧根；有机肥浓度过大，会使根部硬化，一般应在浇水时兑水冲稀成 30％，有机肥与硫酸铵等施用过晚，或施用未经发酵腐熟的有机肥，会使肉质根起黑箍，品质变劣，或破裂，或生苦味。肉质根膨大期要适当增施钾肥，亩施硫酸钾 15 千克。

3. 中耕除草

中耕除草可结合灌水施肥进行，中耕宜先深后浅，先近后远，封行后停止中耕。

4. 病虫害防治

中后期若发现黑腐病和软腐病，初期用 100 亿芽孢/克枯草芽孢杆菌可湿性粉剂 60 克/亩，或 30％噻森铜悬浮剂 100～135 毫升/亩喷雾，50％氯溴异氰尿酸可溶粉剂 50～60 克/亩，或

77%氢氧化铜可湿性粉剂 400～500 倍液喷雾。此外，还应注意防蚜虫、菜青虫，可选用 25 克/升溴氰菊酯乳油 40～50 毫升/亩、2.5%高效氯氟氰菊酯乳油 30～50 毫升/亩喷雾。发现花叶病毒病，可用 0.03%甾烯醇微乳剂 60 毫升/亩或 8%宁南霉素水剂 75 毫升/亩，加入 5%啶虫脒乳油 20 毫升/亩全株喷洒。

生长期达 45 天左右即可分批采收上市（图 2-4）。

图 2-4　山区萝卜栽培

第六节　高山夏季甘蓝栽培技术

夏甘蓝可以调节夏季蔬菜的淡季，增加淡季花色品种。夏甘蓝的莲座期和结球期正值秋季高温多雨或高温干旱季节，不利于植株生长，结球小且不紧实，易裂球腐烂，加之病虫害，影响产量和品质。因此，在栽培上应特别注意加强管理。

一、温度要求

结球甘蓝发芽的适温为 25℃，低于 8℃发芽缓慢困难，幼苗和莲座期的生长适温为 20～25℃，能耐－3℃的低温，结球期的适温为 15～20℃。高于 28℃生育不良。

二、地点、时间和品种的选择

根据本地区气候特点，尽可能地选择冷凉地区进行栽培。同时要选择地势高燥、空旷通风、排灌良好、水源充足并无污染、菜园自然条件和土质状况良好的田块栽培（图 2-5）。

图 2-5　山区甘蓝栽培 1

播种时间安排在 6 月份，可在 8～9 月的"秋淡"时节上市，以获得较好的收益。

选择早熟、抗热、抗病性强的品种，例如绿丰甘蓝等。

三、栽培技术

1. 整地和种子消毒

6月上旬，清洁田园，深翻晒白，耙碎后做畦。整成0.8米宽的畦，沟宽、深各0.2米，亩施商品有机肥100千克整细整平，最后用毒死蜱等进行杀虫与土壤消毒。

为避免使用带病种子，可购买已消毒好的带种子包衣剂的绿丰甘蓝种子。

2. 直播与补苗

为防止软腐病等病害的发生，采用直播栽培技术。夏甘蓝发棵小，可适当密植，但不可过密，按行株距40厘米×30厘米的种植密度进行直播，每穴播入2~3粒种子。播种10天后、菜苗长出2片真叶时进行定苗，每穴留最健壮的一株，其余的全部拔去。缺株的部分穴，用间出的较壮的苗进行补栽，补栽时间选择阴天或晴天下午5时以后，带土块移栽。定植的深度以根茎略高于畦面为准，同时用细土压紧菜苗四周，浇一遍定植水，以促进其成活。

3. 田间管理

绿丰甘蓝在开始结球前宜浇小水，次数宜少。在莲座期后期，为控制茎部徒长，促进叶球分化，进行一次小蹲苗，此时应控制浇水。进入结球期后，为促进叶球迅速增大，灌水量要加大，次数要增多，并结合浇水，增施追肥。一般每亩每次追施硫酸铵15~20千克或尿素10~15千克。为了增施磷、钾肥，结球期可用0.2%~0.3%的磷酸二氢钾喷雾，每隔7~10天1次，连喷2~3次。

从定植到植株封行前，中耕除草二三次即可。原则是大雨或灌水后适时中耕除草，以防土表板结和杂草滋生，同时需要进行培土。

4. 病虫害防治

影响夏甘蓝生长发育的病害主要有黑斑病、霜霉病、软腐病，可用嘧菌·百菌清、霜霉威盐酸盐、大蒜素等进行防治；害虫主要有甜菜夜蛾、菜青虫等，可用短稳杆菌、虫酰肼、氟铃脲、菊酯类、甲氨基阿维菌素、苯甲酸盐等药剂防治。

四、采收

一般说来，当叶球达到紧实时就应采收（图 2-6），以免发生叶球破裂被雨水浸渍而引起腐烂，影响产量和品质。

图 2-6　叶球紧实时采收

第七节　高山夏季莴笋栽培技术

一、莴笋的生物学性状

莴笋为菊科一二年生的草本植物，其肉质茎为主要食用器官，嫩叶也可食用；莴笋叶片中含有莴苣素，具有苦味，有清凉解毒、镇痛、通乳、利便作用。莴笋喜冷凉气候，稍能耐霜冻，忌高温。种子在4℃以上开始发芽，发芽适温15～20℃，30℃以上发芽受阻。高温季节栽培，必须经低温催芽后方可播种育苗；幼苗生长适温为15～20℃，12℃以下生长缓慢，29℃以上生长不良；可耐-6℃的低温，茎叶生长适温11～18℃。叶簇大，茎粗壮。在日均温度超过24℃或日照时数14小时以上的高温长日照条件下，易引起先期抽薹，造成肉质茎细长，影响产量和品质。莴笋成株在0℃以下会受冻害；开花结实期要求温度较高，低于0℃开花结实受阻。

二、品种与地点选择

夏秋高温季节栽培的莴笋品种，应选用耐热、对高温长日照反应不敏感、不易抽薹的中晚熟抗病品种，如特耐热的尖叶莴笋、夏抗40圆叶笋、夏抗38尖叶笋、笋王3号、飞桥莴苣等。种植地以海拔在800米以上的高山地块为好，按市场需要，在春末或夏季播种，具体要根据当地气候特点而定。

三、播种与育苗技术

由于播种季节处于高温期，播种前必须进行低温处理。将种子浸在凉水中4～6小时后，用纱布包好，甩干水分放入恒温箱，保持 15～18℃进行催芽；每天用凉水浇种子 1～2 次，经 3～4 天，种子有 60% 左右露白时即可播种。

播种床应选择比较阴凉的地块，用有机肥作基肥，整好苗床，浇透水，于傍晚较凉爽时播种。播种量 1～1.5 克/米^2，不宜过密。播种后覆细土 0.5 厘米厚，畦面上覆盖遮阳网保湿降温。出苗后视苗情间苗 2～3 次，幼苗达 2～3 片真叶时喷矮壮素（CCC）350 毫克/千克或烯效唑 5 毫克/千克 1 次，以防幼苗徒长。遮阳网要日盖夜揭，定植前 7～10 天全部拆除，进行炼苗。幼苗在 4～5 片真叶时定植。

四、栽培管理技术

1. 整地、施基肥

种植地宜选择比较凉爽的地带、前作未种过同科作物且排灌两便的田块。先进行翻耕，每亩施入腐熟有机肥 2000 千克、复合肥 20 千克、过磷酸钙 50 千克，或复合肥 50 千克加过磷酸钙 50 千克，然后耙平整成深沟高畦。畦面宽 1.4 米，种植 4 行。

2. 定植

幼苗 4～5 片真叶时为定植适期。由于定植期恰遇高温季节，因此可选阴天或午后 4 时气温下降后进行定植。在定植的当天上午，先给苗床浇透水，这样起苗时可以少伤根，多带土。由于高温季节生长较差，植株较小，株行距为 25 厘米×25 厘米。定植后即可浇定根水，畦面盖草降温、保湿。

3. 肥水管理

返苗期应适当增加浇水次数，以防止干旱、保证成活。定植成活后应追施催苗肥，每亩施稀薄有机肥 1500 千克。进入莲座期，嫩茎开始膨大时，需要充足的氮肥和水分，应及时追施重肥，每亩施有机肥 2000 千克、草木灰 100 千克、或复合肥 20 千克。施肥前先中耕除草，施肥后清沟培土，以促进嫩茎迅速肥大。莴笋在茎部膨大期对磷钾肥要求较高，可用 0.2% 磷酸二氢钾进行叶面追肥 1～2 次。在茎部膨大后期，如肥水过多，或遇连续阴雨天气，容易出现纵向裂口，易引发软腐病和菌核病。因此，采收前 10 天应停止追肥。莴笋不耐浓肥，应"薄肥勤施"且施在株与株之间，不能施在基部。

4. 防止先期抽薹

莴笋在夏季栽培正值高温长日照，并且雨水频繁，若管理不善，极易引起先期抽薹和植株徒长。当植株进入茎部膨大期时，每隔 5～7 天用矮壮素 350～500 毫克/千克喷雾，以促进茎部肥大粗壮，增加茎重。

5. 病虫害防治

莴笋的虫害主要是蚜虫，可用 70% 吡虫啉水分散粒剂 10000 倍液喷雾。病害主要有霜霉病、菌核病、病毒病等。霜霉病可用 90% 三乙膦酸铝可溶粉剂 40～80 克/亩，菌核病可用 40% 菌核净可湿性粉剂 100～150 克/亩，病毒病在结合防治传毒蚜虫的同时，用 0.03% 甾烯醇微乳剂 30～60 毫升/亩或 8% 宁南霉素水剂 75 毫升/亩喷雾。

五、采收

莴笋定植后 40～50 天，植株心叶与外叶的最高叶齐平、植株顶部平展（图 2-7）、尚未现蕾时用刀贴地面切下，一般每亩产量 2000～3000 千克。

图 2-7　莴笋顶部平展时为采收适期

第八节　高山夏季香菜栽培技术

　　香菜又名芫荽，我国南北各地均有种植。其叶具有特殊香味，为主要食用部位，种子也是调味佳品。它喜冷凉，历来在冬春季节栽培。近年来，随着种植业结构的调整，香菜作为夏秋无公害栽培，由于市场价格高，种植效益较好，种植面积逐年扩大，特别是在海拔 800 米以上的高山地区可以大面积发展（图 2-8）。在温州、上海、杭州等大中城市，每千克销售价格在几十元以上，亩产值可达到几千多元，经济效益非常可观。现将香菜夏秋无公害栽培技术介绍如下。

图 2-8　山区香菜栽培

一、品种选用

香菜的品种，可分为小粒型和大粒型两种。大粒型香菜香味稍淡，但生长快，产量高；小粒型香菜香味浓，但生长缓慢，产量较低。现多选用大粒型香菜。高山夏秋无公害栽培香菜，宜选用耐热性好、耐病抗逆性强的泰国四季大粒型香菜品种。

二、种子处理

香菜种果为圆球形，每颗种果内包2粒种子，在高温条件下发芽困难，播种前必须将果实搓开，以利出苗均匀。将种子用

1％高锰酸钾溶液或 50％多菌灵可湿性粉剂 300 倍液浸种半个小时，捞出洗净；再用干净冷水浸种 20 小时左右，然后置于 20～25℃条件下催芽后再播种。

三、整地与施肥管理

选择排灌方便、土质疏松肥沃的地块，前茬作物收获后及时深翻 20～25 厘米，晒土 15 天。为了便于使用遮阳网，畦做成高 20 厘米、宽 120 厘米、沟宽 30 厘米的深沟高畦。香菜生长期较短，可结合整地，每亩施腐熟有机肥 3500 千克、饼肥 150 千克和钙镁磷肥 50 千克。将畦面表土整细整平，以促播种后出苗整齐。

四、适时播种

夏秋无公害栽培香菜，一般在 5 月中旬至 7 月上旬播种为宜，具体要根据当地气候特点而定。夏秋栽培香菜产量较高，且市场价格也较高。一般采用撒播为好。若以速生小苗上市供应的，应高密度播种，每亩播种量为 8～10 千克。播后浇透水，覆盖 1～2 厘米厚的稻草保墒促苗。

五、田间管理

1. 土肥水管理

出苗前保持畦土湿润。当 80％香菜出苗时，掀去稻草。夏秋气温高，会影响香菜的生长。因此，揭去稻草后应及时搭架，盖上遮阳网。遮阳网应采取白天盖、晚上揭的方式。加强通风，防止苗长得细弱和引发病害。香菜因生长期短，宜早除草、早间苗、早追速效性氮肥。应在齐苗后 7 天左右进行间苗，2 片真叶时定苗，苗距 3～4 厘米。8 天左右浇 1 次水，苗高 3 厘米时开始追第一次肥，每亩追施尿素 8～10 千克和硼肥 250 克。以后每隔 1 周浇肥水 1 次，用海藻生态肥 300 倍液加 0.3％尿素液进行叶面追肥。后期叶面施肥时添加适量的磷酸二氢钾。

2. 病虫害防治

香菜具有独特的辛香味，虫害较少发生。病害苗期主要有猝倒病，成株期有病毒病、炭疽病和斑枯病。防治猝倒病，可在出苗后 5 天，用 722 克/升霜霉威盐酸盐水剂 1000 倍液喷雾；防治炭疽病和斑枯病，用 30％吡唑醚菌酯悬浮剂 2500 倍液或 30％苯甲·嘧菌酯悬浮剂 800 倍液喷雾防治；防治病毒病关键是清除传毒媒介，可用 70％吡虫啉水分散粒剂 2.5 克/亩兑水 50 千克叶面喷雾，防治传毒蚜虫，最好采用防虫网防止传毒的蚜虫飞入。此外，要采取遮阴等措施，避免高温干旱环境。

第三章　半高山无公害蔬菜栽培技术

第一节　半高山无公害蔬菜栽培模式

一、半高山蔬菜种植种类

海拔 500～800 米的山，这里我们称其为半高山。在夏秋季这些地方可种植番茄、水果型小番茄、甜栗小南瓜、西瓜、黄瓜、菜豆、辣椒、茄子等。

二、无公害栽培模式

半高山地区的夏秋季无公害栽培模式有下列四种。

1. **大白菜—番茄—甘蓝（花椰菜）**

大白菜于 2 月上旬播种，5 月份接上番茄，10 月下旬种上甘蓝或花椰菜。

2. **辣椒—黄瓜—花椰菜（甘蓝）**

辣椒于 12 月至翌年 1 月播种，7 月种上黄瓜，9 月下旬至 10 月上旬接上花椰菜或甘蓝。

3. **番茄—四季豆—花椰菜**

番茄于 1 月份播种，6 月中下旬种上四季豆，9 月下旬至 10 月上旬接上花椰菜。番茄也可作晚季种植，于 6 月底播种。

4. 荷兰豆—南瓜—萝卜

荷兰豆于 3 月播种，6 月接上南瓜，10 月下旬至 11 月上旬种上萝卜。荷兰豆也可在 6～7 月播，作晚季种植。

第二节　半高山夏季樱桃番茄栽培技术

樱桃番茄是番茄栽培亚种中的一个变种，其果型小、近圆形、似樱桃（图 3-1），品质好，糖度及维生素 C 含量大大高于普通番茄，是一种高档蔬菜或水果。其经济价值高，进行高山栽培可获 5000 千克/亩的产量。

图 3-1　樱桃番茄

一、温度要求

番茄喜温暖，但不耐高温和霜冻。番茄种子发芽最低温度为 11℃，营养生长期适温 20～25℃，开花结果期对温度要求严格，开花期要求夜温 15～25℃，夜温低于 15℃和白天温度高于 30～35℃会引起生理障碍，造成花而不实，落花落果。不论营养生长阶段还是开花结果阶段都要求日夜有较大的温差，差额以 5～10℃为好。

二、品种和地块选择

宜选择无限生长类型中的中晚熟品种，如种植粉娘、金玲珑、千禧、凤珠、台湾红宝石（即新圣女）等品种。台湾红宝石生产期长、产量高、耐热耐湿性强。还有亚蔬六号小番茄，该品种为半停心性，耐热性，果实长椭圆形，成熟果红色，果重约14 克，产量高，抗病性强。

樱桃番茄对土壤适应性较强，但以排灌方便，土质疏松肥沃的壤土或沙壤土为好。

三、适时播种，培育壮苗

1. 苗床准备

苗床应避风向阳，排水良好。一亩大田需育苗床 6～7 米²，移苗床 35～40 米²，苗床底土每亩施腐熟有机肥 1500 千克，其上铺 8 厘米厚营养土。营养土用充分腐熟的有机肥与未种过茄科作物的肥沃土壤各半，在播前 7～10 天拌匀过筛，并拌施 5 千克过磷酸钙，喷洒多菌灵进行土壤消毒，堆放备用。

2. 播期

适当提前播种，尽可能延长采收期。采用小拱棚育苗既能提早播种，又能减少苗期病害发生。一般在 4～5 月播种，掌握到开花结果期夜温不低于 15℃和白天温度不高于 30～35℃。

3. 浸种催芽

每亩用种 20 克。种子用高锰酸钾 1000 倍液浸 10 分钟后，用清水冲洗并在温水中浸 6 小时；洗净种子，甩干水，用湿纱布保湿，置于 25℃ 左右催芽。待种子露白后播种。

4. 播种及播后管理

樱桃番茄种子价格高，为保证较高的成株率，要求种子分粒摆播，并覆盖营养土 0.5 厘米厚。出苗前保持较高温度，出苗后为防止徒长，应注意通风。在幼苗二叶一心期，选择健壮的无病苗，于晴天傍晚进行带肥、带药、带土"三带"假植。假植苗床同育苗床，假植后浇定根水。

5. 防止苗期病害，控制徒长

番茄栽培区病害较多，可用 77% 氢氧化铜可湿性粉剂 167～200 克/亩或 60% 唑醚·代森联水分散粒剂 40～60 克/亩防治猝倒病、早疫病。每 7～10 天喷 1 次，连用 2～3 次。幼苗假植成活后定植前，根据秧苗长势，浇洒 50% 矮壮素水剂 750～1000 倍液，可增加叶色，抑制徒长。若长势过旺，三周后再喷浇 1 次。

四、定植及大田管理

1. 定植

定植地要求排水良好、地下水位低。亩施腐熟有机肥 3000 千克、饼肥 100 千克、三元复合肥 50 千克、过磷酸钙 20 千克，基肥沟施。深沟高畦，畦连沟 1.3 米，每畦栽 2 行，株距 30 厘米。定植深度因地下水位高低而定，地下水位高则宜浅，反之则宜深，有利于减少枯萎病的发生。定植过深的植株喷用 10×10^{-6} 赤霉素，可消除移栽后生长停滞现象。定植后及时浇定根水。定根水内应加入 3% 中生菌素可湿性粉剂，配成 600～800 倍液浇灌。

2. 中耕松土，适当蹲苗

移栽成活后及时中耕松土，以促进幼苗恢复生长。缓苗后不浇水，进行蹲苗，促进根系下扎。后期适当培土，以促进不定根产生。

3. 肥水管理

番茄生长前期正适梅雨季节，要及时排水，做到雨停畦干。进入旺盛生长期，耗水量增加。视土壤墒情，及时排灌，要保持土壤湿度，不能忽干忽湿，以免产生裂果。为保证第一穗花的坐果，避免徒长，在第一穗花的第一朵花含苞待放时，开始用蘸有对氯苯氧乙酸钠或 2,4-滴钠盐（浓度参照产品说明）的棉签点花柄，4 天后再点 1 次。追肥在第一穗果坐稳后进行，宜薄肥勤施，每 10 天亩追腐熟饼肥 20 千克，1:3:0.8 的尿素、过磷酸钙、氯化钾复混肥 8～10 千克。

4. 整枝

采用单干整枝，仅留主枝，抹去侧枝（1～2 片叶时），主枝不打顶。樱桃番茄一般搭立架或网架（井架），有利于采收和透光，苗高 30～40 厘米开始绑蔓，支架高 2 米。进入采果期后，果实采到哪一位置，就把基部老叶摘到该位置。

5. 病虫害防治

樱桃番茄高山栽培病害主要有疫病、枯萎病、青枯病，可选用对口药剂如烯酰·吡唑酯、解淀粉芽孢杆菌 B1619、中生菌素或噻森铜等进行防治，虫害主要抓好棉铃虫、斜纹夜蛾防治。

五、采收

樱桃番茄在同穗果上的果实成熟有先后，应分批采收。采收宜在转色期进行，以利长途运输。采时不留果柄，采收后初步挑选，商品果要求单果重 7 克以上。

第三节　半高山夏季甜栗小南瓜栽培技术

甜栗小南瓜也叫营养南瓜，与中国南瓜有很大的区别。它果实扁圆形（图3-2），果皮深墨绿色或粉红色等，食用老熟发硬的果实。其中，皮色墨绿色的甜栗型南瓜不用去皮，果肉可炒、煮、煎、炸、蒸或作糕、饼、汤，能制作出中、西式近50多种美味佳肴和药膳，是近年来国内外冉冉升起的一颗绿色食品新星。目前正风靡国外日本东京、大阪、名古屋等地，并相继出现专售营养南瓜食品的料理店。

科学研究发现，甜栗小南瓜含蛋白质、维生素A、维生素B_1、维生素B_2、维生素C比普通南瓜更丰富；每千克果肉含锌18毫克，可治疗少年发育迟缓、成人性欲减退、皮肤痤疮、厌食或偏食；所含的钴居五谷杂粮和蔬菜之首，可预防和治疗高血压、冠心病、脑血管病、糖尿病等现代文明病，还能增加体内胰岛素的释放，促使糖尿病患者胰岛素分泌正常化，对降低血糖、预防和治疗糖尿病有比较显著的疗效。日本、韩国、东南亚及我国台湾、江苏、浙江、福建、广东、广西、安徽、北京、上

图 3-2　甜栗小南瓜

海等地掀起一股"营养南瓜热"。

一、特征特性

甜栗小南瓜的品种主要来自日本。这些品种适应性强，平原、丘陵、山区、沙荒地、房前屋后零星地块皆可种植。栽培技术与普通南瓜基本一致，容易栽培，但不抗热。甜栗小南瓜种子发芽适温为 25～28℃，植株生长最适宜的温度为 18～32℃；开花结果的温度要求 15℃以上；果实发育最适温度为 25～27℃，35℃以上则花器不能正常发育，结果停歇。甜栗小南瓜在充足的光照条件下生长良好，在弱光下生长不良。其蔓生，果实扁圆形，有浅沟，皮墨绿色带青斑，单株结瓜数 2～6 个，单瓜重 1 千克左右。产量高，亩产 2000 千克以上。品质优，充分老熟的营养南瓜，口味似板栗，甜而细腻，味极佳。它是农业生产结构调整的优质替换品种。

二、品种选择

金玉甜南瓜、日本板栗南瓜、东升南瓜、健宝南瓜等比较适宜高山推广栽培。在山区（海拔 550 米以上）上可以种甜栗小南瓜，7～9 月份上市，对缓解夏秋蔬菜淡季供应、增加花色品种、丰富市场供应能起到较大作用，其经济效益和社会效益皆不错。

三、地块选择

1. 海拔高度和地形选择

山区栽培的甜栗小南瓜开花结果期主要在 7～9 月间。为了满足甜栗南瓜生长发育环境条件的要求，山区一般在海拔 550～1300 米均可种植，以海拔 700～1000 米地块种植最佳，并以南坡、东坡、东南坡朝向地块较好。

2. 土壤的选择

甜栗小南瓜对土壤的适应性比较广，一般宜选择土层较深厚、含有机质多、疏松肥沃、排灌良好的沙质壤土或壤土为好。

3. 轮作地

为了减轻病虫害发生和危害，应选择 2～3 年未种过瓜类作物的地块种植。选择水旱轮作田块最为理想。

四、播种期的选择

甜栗小南瓜山区栽培适时播种期为 5 月上旬至 7 月上旬。确定其适宜播种期主要根据它的生物学特性和上市时间的需要来推算。甜栗南瓜从播种至始收期为 50～60 天，采收期为 1～1.5 个月。对种植高山甜栗小南瓜面积较大的菜农可分期播种，均衡上市。为防高温引起落花落果，海拔低的地块播种期应适当推迟，海拔高的地块播种期可稍提早。

五、培育壮苗

培育壮苗是高山栽培甜栗小南瓜丰产的关键。壮苗的主要特征茎粗壮、叶片较大而厚、根系发达、生长整齐、无病虫害、生活力强。培育壮苗的营养土，最好选用在 2～3 年内未种过瓜类作物的菜园土，营养土里需施入腐熟有机肥、过磷酸钙和草木灰。为了使种子出苗快、全苗、整齐，在播种前要进行精选种子、消毒和浸种催芽。

1. 种子消毒

种子消毒的基本方法有两种：①温汤浸种法。温汤浸种所用水温为病菌致死温度 55℃，用水量是种子体积的 5～6 倍。浸种时要不断搅拌，并保持水温 55℃15 分钟，然后让水温降低继续浸种。②药剂处理。药剂处理又分药液浸种和药粉拌种两种方法。药液浸种是先将种子用水浸泡 2 小时左右，沥干；再将种子浸到一定浓度的药液中，经过 10 分钟处理，然后取出洗净晾干。常用药剂有 1％高锰酸钾、1％硫酸铜、福尔马林 100 倍液等。药粉拌种是将药剂和种混合均匀，使药剂黏附在种子的表面。药剂用量一般为种子重的 0.1％～0.5％，常用药剂有甲霜·噁霉灵、敌磺钠、多菌灵、克菌丹等。

2. 浸种催芽

浸种催芽是使种子充分吸水，并在适宜的温度条件下促进种子迅速、整齐发芽的措施。一般用 50℃左右的温水浸种 3～4 小时，搓净种皮上的黏液后用湿布包好，置于 25～30℃温度下催芽 36～48 小时，芽长 3～4 毫米即可播种。

如不经催芽直接播种亦可。将催好芽或浸种过的种子，一钵一籽点播于营养钵中，或均匀平播在床土上，覆土 1 厘米厚，上覆稀疏稻草，搭棚保温或遮阴和避雨。3～4 天小苗出土时，揭去稻草。温度控制在白天 26～30℃，晚上 15℃左右。小苗有2～3 片真叶相互拥挤时，要加大钵与钵间的距离，或移苗拉稀，保证瓜苗不因拥挤而徒长。当苗有 4 片真叶即可炼苗定植。

六、整地定植

甜栗小南瓜主侧根发达，要求深翻土地。深沟高畦，利于排灌。甜栗小南瓜耐弱酸性，适宜其生长的土壤 pH 值为 5.5～6.8。根据资料记载，亩产 1200 千克甜栗小南瓜，需吸收氮 4.7 千克、磷 2.6 千克和钾 9.7 千克，合计 17 千克。所以在肥料应用上要注意三要素的配合施用，并应着重氮和钾的施用。基肥在定植前 1 星期施入，亩施饼肥 100 千克或腐熟有机肥 1500 千克、三元复合肥 15 千克、过磷酸钙 40 千克。基肥一般采用沟施，在畦中间开沟施入，精细整地，畦面整成龟背形。定植前苗床喷 1

次药，施 1 次肥，做到带肥、带药定植。甜栗小南瓜为蔓生，茎蔓粗壮，分枝少，结瓜部位低，6～7 节开始生瓜，适宜密植。它可以爬地栽培也可以搭架栽培，爬地栽培，亩栽 350 株左右，畦宽 1.5 米，种一行，株距 1 米；搭架栽培，亩栽 600 株，畦宽 2.2 米，种双行，株距 0.8 米。

七、田间管理

1. 肥水管理

甜栗小南瓜生长前期应适当控制氮肥，避免植株徒长，引起落花落果。追肥时，应观察叶的颜色和生长势，如果茎叶生长瘦弱、叶片发黄就需追肥，而蔓叶繁茂就不要追肥。待头瓜坐稳后，则是需肥量最大的时期，应重施追肥，以促进果实生长。一般亩施复合肥 20 千克，果实膨大前期对水分需求量大，应及时灌溉。另外，采瓜后也应及时追肥。

2. 中耕除草，铺草覆盖

甜栗小南瓜定植活棵后，应进行中耕除草，借以疏松土壤；中耕时并结合培土，以利根系的生长发育。中耕后及时用草（蕨叶、麦秆、稻草等均可）覆盖畦面，每亩用量 1500 千克左右。用草盖畦具有降低土表温度、保水保肥、防止土壤被雨水冲刷和板结、保持土壤疏松、减少杂草和病虫危害、草腐烂后可增加土壤养分等良好作用。

3. 整技、保花保果

甜栗小南瓜以主蔓结瓜为主。为了充分发挥其主蔓结瓜节位低的早熟优势，生长前期应及时将基部丛生侧枝及子蔓摘除，以保证主蔓第一只瓜生长良好；第二只瓜坐果后，可留一二枝子蔓，任其生长，以提高中后期产量。

甜栗小南瓜往往由于施肥不当，生长前期氮肥施入过多，植株生长过旺，引发落花落果现象。因此，应控制氮肥用量，增施磷钾肥，同时采用药剂进行保花保果。药剂可选用西葫芦保花保果剂兑水后，用小喷壶朝雌花心点喷。温度高，兑水量相应增加。也可选用2,4-滴钠盐等药剂涂抹雌花花柄。涂抹时谨防药液滴到植株上，特别是生长点。

4. 病虫害防治

（1）**病害** 主要病害有白粉病、病毒病、蔓枯病、疫病等。白粉病苗期至收获期均可发生，发病初期在叶面或叶背及幼茎上产生白色近圆形小粉斑，可选用12.5%腈菌唑水乳剂24～32毫升/亩、10%苯醚甲环唑水分散剂50～83克/亩、20%吡唑醚菌酯悬浮剂40～60毫升/亩等喷雾防治。病毒病主要表现叶绿素分布不均，叶面出现黄斑或呈深浅相间斑驳状。病毒病由蚜虫、叶甲等传毒，应加强田间管理，及时防治蚜虫、叶甲是预防病毒病重要方法。发病初期可用0.03%甾烯醇微乳剂30～60毫升/亩或8%宁南霉素水剂75毫升/亩喷雾防治，隔7～10天用1次，连续防治3次。蔓枯病可为害叶片、茎蔓和果实。主要的病症是茎蔓病斑部位有琥珀色树脂状胶质物溢出，此病应通过轮作、选用抗病品种、采用配方施肥技术、施用充分腐熟有机肥来预防。发病初期可用70%甲基硫菌灵水分散粒剂1200倍液、43%氟菌·肟菌酯悬浮剂15～25毫升/亩或30%苯甲·咪鲜胺悬浮剂60～80毫升/亩喷洒。疫病可为害茎、叶、果，染病初为水渍状，然后软腐，病部生白色霉状物。发病初可用58%甲霜灵·锰锌可湿性粉剂500倍液、69%烯酰·锰锌水分散粒剂1000倍液喷洒。

（2）**虫害** 主要虫害有蚜虫、蓟马、茶黄螨、瓜绢螟等，蚜虫和蓟马可选用70%吡虫林水分散粒剂6克/亩或40%呋虫胺可溶粉剂15～20克/亩防治。茶黄螨可选用43%联苯肼酯悬浮剂

20～30 毫升/亩防治。瓜螟可选用 100 亿孢子/毫升短稳杆菌悬浮剂 800 倍液、15％甲维·茚虫威悬浮剂 20 毫升/亩进行防治。

八、采收

一般坐瓜后 15～20 天，瓜长到 750 克左右，瓜皮转色有光泽、果实有质感时即可采收，此时的瓜商品性好，耐贮运。最好在上午露水干后采收，采收时要轻摘轻放，并注意遮阴，防止阳光直射。

第四节　半高山夏季黄瓜栽培技术

黄瓜又名青瓜，属葫芦科香瓜属一年生草本植物，是人们所喜食的主要蔬菜品种之一。黄瓜在全国各地栽培面积大，福建南平市山区主要在春秋两季露地栽培或进行冬春、秋冬保护地栽培，夏秋栽培面积较少。利用山区凉爽的自然优势，发展中低海拔山区夏季黄瓜栽培，亩产量可达 1800 千克。

夏秋黄瓜生育期短，投资少，见效快，收益高，播种后45～50 天即可采收，供应期正值 8～9 月蔬菜的淡季，价格较高，效益十分明显。夏秋黄瓜的栽培要点如下。

一、温度要求

发芽适温 28～32℃，低于 18℃发芽缓慢；幼苗期适温 18～28℃，开花结果期适温 25～30℃；生长期适温 15～32℃，低温界限 10～12℃，10℃以下生长停止，5℃时受害，高温忍受力最高 35～40℃，超过 40℃生长停止。

二、选择良种

夏季山区黄瓜栽培，品种要选择生长势强、抗病耐热、高产优质的品种，如夏之光、夏欣三尺（韩国）、秋棚1号黄瓜等。上述品种瓜形美观、品质优，瓜条长30～35厘米，抗霜霉病、白粉病与枯萎病能力较强，丰产性好。

三、培育壮苗

夏种黄瓜育苗期间，应选择排水良好的田块育苗移植。种子拌种消毒后，用清水浸种8～10小时，捞起沥干即可播种，每穴播一粒种子为宜。

山区黄瓜在夏季高温季节栽培，生长快，一般播种到采收40～45天。根据夏秋蔬菜市场需求情况，黄瓜采收季节最好在8月上旬至9月下旬。因此，最适播种期为6月中下旬至7月上旬。

夏季黄瓜播种期的温度条件与黄瓜种子发芽和幼苗生长的要求相近，可采用大田直接播种的方法栽培；但为了节省种子和保证出苗齐全、生长一致，提高产量和利于作物茬口安排，宜采用育苗移栽的方法。黄瓜子叶苗发根成活快，为黄瓜最佳秧苗发根期和定植期。因此，生产上采用培育子叶苗移栽较多。一般每亩大田需苗床5～6米²。苗床作成深沟高畦，畦宽1.1～1.2米，苗床畦面铺4～5厘米培养土或泥灰土，播种前浇足底水，把经过消毒和浸种催芽的种子均匀撒播于苗床畦面，然后覆盖1厘米左右培养土，再用遮阳网或地膜或草等覆盖。幼苗顶土时及时揭去地面覆盖物，让幼苗立即见阳光，防止出现"高脚苗"。

幼苗出土后可用4.5%联苯菊酯水乳剂20毫升/亩喷洒地面（不要直接喷洒到瓜苗），以防治地老虎。此外，在幼苗长至2叶

1 心和 3 叶 1 心时还应用 100 毫克/升的乙烯利溶液喷施 1 次，以增加雌花数量。

当子叶充分开展，真叶显露时即可移栽大田。

四、整地与施基肥

黄瓜应选择在前作不是瓜类，而是地面平整、排灌方便、土层疏松、有机质含量高、保水保肥能力强的中性微酸性土壤种植。酸性土壤每亩施 100 千克生石灰，采用起畦种植，起畦规格为畦面宽 1 米，畦高 0.4 米，沟宽 0.3 米。基肥结合翻耕施入，亩施硫酸钾复合肥 20 千克、过磷酸钙 30 千克、有机肥 2000～3000 千克。施肥前将过磷酸钙混入有机肥料中堆沤 2～3 天，可提高过磷酸钙的肥效。

五、移苗定植

当幼苗长到 3～4 片真叶时进行移栽，采用双行种植栽培方式，定植规格为 0.6 米×0.3 米（行、株距），以亩植 2500 株左右为宜。

六、田间管理

1. 引蔓整枝

当植株开始抽蔓、长出卷须、株高 0.3～0.4 米时，应及时搭支架和引蔓（图 3-3）。搭支架可采用"人"字形支架，以畦面中央为中心搭架，将支架顶部搭在畦面中央上方。引蔓宜在晴天下午进行，引蔓时应将枝蔓分布均匀，每隔 3～4 天引蔓一次。引蔓的同时可结合整枝，及早摘除主蔓 1～6 节长出的侧蔓，6 节以后侧蔓留 1 叶瓜摘心；待主蔓长满架摘心后，侧蔓则顺其自然生长，及时摘除植株下部黄叶。

图 3-3　山区黄瓜栽培引蔓

2. 肥水管理

（1）**合理追肥**　黄瓜喜肥，幼苗期吸收肥料弱、生长中后期需肥量大，因此追肥应由稀到浓。移栽后 3～4 天到出现卷须前用 8%～10% 有机肥液，每隔 3～4 天淋施 1 次，亩施 1200 千克左右；卷须出现到开花结果，有机肥液浓度可增至 20%；开花结果至采收期，浓度可增至 30%，每隔 4～5 天追施 1 次，亩施 1500 千克左右。

（2）**灵活管水**　夏黄瓜幼苗时期因降雨多，空气湿度和土壤湿度都大，一般可以不淋水；如遇高温烈日，为降低气温，应适当淋水，以补充因蒸腾作用而损失的水分。随着植株茎叶的增长，生长由弱至旺，特别在开花结果期既要满足茎叶增长和蒸腾的需要，又要保证开花结果对水分的需求。因此，在晴天或干旱的地方应在日间保持半沟水、夜间排水、傍晚在畦面淋水，必要时可在上午或傍晚喷水，以降低气温，增加雌花数。

3. 病虫害防治

(1) 猝倒病　用 30％甲霜·噁霉灵水剂 1.5～2 克/米² 喷雾，或选用 70％敌磺钠可溶粉剂 300 倍液、70％甲基硫菌灵可湿性粉剂 800 倍液喷雾防治。

(2) 白粉病　可选用 1000 亿芽孢/克枯草芽孢杆菌可湿性粉剂 70～84 克/亩、12.5％腈菌唑乳油 16～32 克/亩，25％乙嘧酚悬浮剂 60～100 毫升/亩、10％苯醚甲环唑 2000～3000 倍液或 70％甲基硫菌灵 1000 倍液喷雾防治。

(3) 细菌性角斑病　用 3％中生菌素可湿性粉剂 80～110 克/亩，20％噻唑锌悬浮剂 100～150 毫升/亩，77％氢氧化铜水分散粒剂 45～55 克/亩，3％噻霉酮微乳剂 75～110 克/亩喷雾。

(4) 霜霉病、疫病　用霜霉威盐酸盐、氰霜唑、吡唑醚菌酯、烯酰吗啉、氟噻唑吡乙酮等药剂防治。

(5) 瓜蚜　用 5％啶虫脒 27～30 毫升/亩、30％氯氟·吡虫啉悬浮剂 4～6 毫升/亩、10％溴氰虫酰胺可分散油悬浮剂 18～40 毫升/亩喷雾防治。

(6) 瓜实蝇　可用粘虫胶（如新正克蝇）制成黄色粘板、粘瓶（可利用空矿泉水瓶）或灭蝇纸诱杀成虫，每亩挂 8～15 个点；也可用 5％阿维·多霉素 30～40 毫升/亩喷药防治。

(7) 瓜绢螟　用 100 亿孢子/毫升短稳杆菌悬浮剂 800 倍，或 20％甲维·甲虫肼悬浮剂 10 毫升/亩、或 15％甲维·茚虫威悬浮剂 20 毫升/亩喷雾防治。

七、适时采收

黄瓜在开花后 8～10 天即可采收。采收应选择在上午 8 点前进行，下午采收不仅易使瓜果产生苦味，影响品质，而且瓜果因温度过高，不耐贮运。

第五节 半高山夏季苦瓜栽培技术

苦瓜为葫芦科苦瓜属一年生草本植物，是夏季人们餐桌上常见的蔬菜之一。它因具有清热解毒、养颜嫩肤、降血糖、养血滋肝等功用而备受青睐。

一、温度要求

种子的发芽适温为 30～35℃，20℃以下发芽缓慢，13℃以下发芽困难；幼苗期和抽蔓期的适温为 25℃，但在 10～30℃均能适应；开花结果期的适温为 25℃，但 14～30℃均可。

二、栽前准备

1. 品种选择

夏秋季应选择瓜蔓短、节间短、叶片小、抗逆性强、早熟、丰产、耐贮的品种，如闽研 3 号、月华、新翠、如玉苦瓜等。这些品种植株生长强健，抗病力强，结果多，果肉厚，质嫩，品质好。

2. 播期选择

山区苦瓜在夏季高温季节栽培，生长快，一般播种到采收 55～65 天。根据当地蔬菜市场需求情况，苦瓜采收季节最好在 9 月上旬至 10 月下旬。因此，最适播种期为 6 月中下旬至 7 月上旬。

3. 整地与施基肥

因苦瓜为喜温耐肥作物，故需施足底肥。每亩施优质有机肥 2000 千克、磷酸二铵 30 千克，掺匀后按 1.5 米先做成平畦浇水。待几天土稍干松后，再做成畦面宽 80～90 厘米、高 10～15 厘米的小高畦。

三、育苗

育苗基质以水稻土和蛭石按体积比 2∶1 的比例混合，1 立方米混合基质中再配入 10 千克烘干鸡粪，混合均匀。将营养钵整齐地排入苗床内，给基质浇透水，待水下渗后播种，每钵用 1 粒种子，干籽直播，播后覆盖 0.5 厘米厚的育苗基质。出苗前温度保持在 25～30℃，出苗后温度为白天 20～25℃，夜间 10～15℃。苗床每天早晨或傍晚用喷壶喷水 1～2 遍，以防基质板结、干燥。幼苗出土后，保持土壤见干见湿。如果幼苗长势弱，可用浓度为 0.2%～0.3% 的磷酸二氢钾水溶液进行叶面喷肥。

四、定植

幼苗在 3 叶 1 心时定植，苗龄 25～30 天。每畦两行，株距 60 厘米，打线定植。定植后要及时插架，因苦瓜长势非常强，所以要插坚固的人字架。架间距 20 厘米（稍粗的架材可用 30 厘米）。

五、定植后的管理与采收

1. 肥水管理

开花前以控为主，少浇水追肥，开花后开始追肥浇水。应注意的是，因苦瓜根系比较发达，植株生长势较强，浇水不要过勤过大，以免造成光长秧不结瓜。通风透光不良易引起病害或把支架压倒，造成经济损失。苦瓜根系喜湿但不耐涝，每次浇水量不宜太大，要小水勤浇。一般 2～3 天浇 1 次水。隔 2 次浇水，随水施 1 次肥，每次每亩施 15∶15∶15 的氮磷钾复合肥 5～7.5

千克。

2. 植株调整与人工授粉

由于植株分枝力强，从下部选2~3条粗蔓，绑蔓上架，其余的全部打掉。用吊绳引蔓上架（图3-4）。植株长到架顶时打顶，促侧枝萌发，侧蔓留1~2个雌花，并在第2个瓜后留2~3片叶打顶。

苦瓜需进行人工授粉才能正常结瓜。于上午的8~10时，采摘盛开的雄花，用花对花的方法给雌花授粉。

图3-4　苦瓜栽培用吊绳引蔓上架

3. 病虫害防治

苦瓜抗病虫害能力较强，一般很少发生严重的病虫害，只在湿度大时易发生炭疽病、疫病，湿度小时易受蚜虫、白粉虱等的危害。炭疽病可选用25%咪鲜胺乳油800~1000倍液、25%戊唑醇水乳剂20~30毫升/亩喷雾防治，隔5~7天1次，连防2~3次。蚜虫、白粉虱可选用1.5%苦参碱可溶液剂30~40克/亩或 35％呋虫胺可溶液剂 5～7 毫升/亩喷雾防治，红蜘蛛、茶黄螨可选用 28％阿维·螺螨酯悬浮剂 7000～8000 倍液或 30％乙螨唑 14000～18000 倍液喷雾防治。

4. 采收

开花后 12～15 天为采收适期。采收不宜过晚，以免影响商品品质。

第六节　半高山夏季菜豆高产栽培技术

夏秋菜豆茬口灵活，可与玉米间作，也可与番茄、黄瓜等套种，是提高复种指数，增加经济效益的栽培方式。现将栽培技术简介如下。

一、温度要求

发芽期的适温为 20～25℃，低于 8℃，高于 38℃不易发芽。幼苗期适温 18～20℃，10℃以下幼苗生长受阻，0℃幼苗遭受冻害，根瘤生长适温 23～28℃，13℃以下不着生根瘤。抽蔓期适温 20～25℃，开花结果期适温 18～25℃，低于 15℃或高于 30℃易发生落花落荚。

二、品种选择与播种

应选用早熟、耐老品种，如金绿牌四季豆（小种）、金绿架豆、白珍珠等。

在半高山区，播种时间掌握在 5～6 月抢墒直播。要计算好播种期，把开花结荚期调整到当地日平均气温在 20℃左右的时间里。蔓性种株距 30～40 厘米，行距 60～70 厘米，每亩用种 2.5～3 千克。

三、田间管理

1. 定苗与中耕

苗全后及时定苗，每穴只留苗 2 株，去小留大，去弱留强。苗期进行浅中耕的同时，清除田间杂草，防止草欺苗。

2. 搭架与人工引蔓

蔓性种蔓长 2.7～3 米，抽蔓前用竹材等搭人字形架。插架后，要在架的两头插上 2 根撑杆加固，提高抗风能力。

当豆苗抽蔓后，要及时进行人工引蔓（向左旋方向）。引蔓过迟易引起"绞蔓"，引蔓要在晴天午后进行，防止折断茎苗。

3. 肥水管理

水肥的管理原则是"干花湿荚，前控后促"，花前少施，花后多施，结荚期重施。肥料品种应氮、磷、钾配合使用，重视增施钾肥。

（1）及时追好上架肥　苗期一般用有机肥 2000～2500 千克/亩，往穴边施入。

（2）重施花荚肥　菜豆结荚以后，应重点浇水、追肥。一般用 45％复合肥 25～30 千克，结荚期如遇久旱不雨，一般 5～7 天浇水 1 次，保持田间最大持水量为 60％～70％。

（3）及时"翻花"　菜豆在开花结荚后期生长衰弱，可通过促进菜豆"翻花"来提高产量。具体做法是，在采收后期摘除下部老黄叶，连续追肥 2～3 次，以促进抽生侧枝和恢复生长，并由侧枝继续开花结荚（图 3-5），可延长采收期 10～15 天，增产 20％～25％。

4. 病虫害防治

菜豆的主要虫害有豆荚螟、蚜虫等。豆荚螟可用 3％甲氨基阿维菌素苯甲酸盐微乳剂 8 毫升/亩或 30％茚虫威水分散粒剂

图 3-5 山区菜豆栽培

6～9 克/亩防治，也可选用 14％氯虫·高氯氟微囊悬浮－悬浮剂 20 毫升/亩或 22％噻虫·高氯氟微囊悬浮－悬浮剂 9 毫升/亩兼治蚜虫。

菜豆的主要病害是锈病等，可用 10％苯醚甲环唑水分散粒剂 100 克/亩、12％苯甲·氟酰胺悬浮剂 40～67 毫升/亩防治。

四、嫩荚采收

秋菜豆一般在开花后 10～15 天进入采收期。作速冻出口的，产品规格要求严格，要比食用的提早 3～5 天采收。

采收的标准是：豆荚颜色由绿转为白绿，表面有光泽，种子尚未鼓起。若是出口标准，则要求更为严格。一般 1～2 天采收 1 次，做到勤摘勤售，每亩可达 800～1200 千克。

第四章　山区无公害蔬菜冬季大棚栽培技术

第一节　冬季无公害蔬菜生产特点

一、蔬菜冬季无公害生产

冬季生产无公害蔬菜，是保证蔬菜周年供应的有效途径之一。主要是指春季的蔬菜品种提前生产。为了达到提早上市目的，种植时必须采取防寒措施。目前大棚一般只用于春季茄瓜类的早熟栽培，一年只利用4～5个月，利用率及效果不高。如果在秋冬季和夏季也利用大棚进行栽培及育苗，就可显著提高经济效益。在闽北地区，塑料大棚周年利用类型有多种，在生产上以栽培蔬菜为主结合育苗。

二、蔬菜冬季无公害生产模式

主要有两种形式：一种是春季进行番茄、黄瓜、甜椒、辣椒、茄子等蔬菜早熟栽培，夏季可种植速生蔬菜，秋季栽培黄瓜、番茄、甘蓝、花椰菜等，冬季栽植草莓、菠菜、生菜、葱蒜类等蔬菜。另一种形式是间套作，春季进行茄子、番茄、辣椒早熟栽培；4～5月份在大棚拱杆旁种植丝瓜，任其沿拱杆爬蔓，或在番茄生长后期，在畦边定植冬瓜，利用番茄的支架任冬瓜爬蔓；秋季可种生菜、菜心等；冬季则可进行育苗。

第二节　冬季无公害蔬菜生产技术

一、地点选择

冬季无公害蔬菜生产的地区，要求选择在气候温暖、阳光充足、处于平原区域低海拔或丘陵的地方，水源方便，土壤条件适宜，并尽可能有挡风屏障（如北面高山屏障或其他建筑物），避免冷风直接袭击。

二、品种选择

如要引进一个新品种，一定要在当地经过区域试验、示范后才能大面积推广，并且要特别注意区别是冬春耐寒早熟栽培品种，还是秋季延后栽培品种。

冬季无公害蔬菜生产要选择耐寒、抗病性强、早熟的品种。如辣椒有湘研9号、湘研10号、湘研11号等，茄子有绿丰2号、闽茄2号、丰茄2号等，番茄有合作903、冠群3号、冠群6号等，黄瓜有津研系列、津春系列、中农系列黄瓜等，西葫芦有早青一代等，这些都是良好的保护地栽培品种。

三、优质高效栽培技术

1. 冬季大棚蔬菜保温防寒

（1）**营养钵育苗**　黑色塑料营养钵具有白天吸热、夜晚保温护根的作用。在阳畦内摆上塑料营养钵育苗，外界气温在−10℃左右时，畦内温度在6～7℃，营养钵内温度在10℃左右。因此，即使在外界温度很低的情况下幼苗仍能缓慢生长，不受冻害。

（2）**配制热性营养土**　鸡粪是热性粪肥，牛粪是黏液丰富的

67

透气性粪肥，两者腐熟后各取20％，拌细土60％。这样的营养土吸热生热性能好，秧苗生态环境佳，根系发达，吸收能力强，植株耐冻健壮。

(3) **分苗时用生根素灌根**　生根素是用钙、磷、锌等与长根有关的几种营养元素合理配制而成的。钙决定根系的粗度，磷决定根系数目，锌决定根系的生长速度和长度。使用生根素后，根系可增加70％左右，深根增加25％。根系发达，吸收能力强，不会因缺水缺素造成抗寒性差而冻伤秧苗。

(4) **足水保温防冻害**　水分比空气的比热高，散热慢。冬季室内土壤含水量适中，耕作层孔隙裂缝细密，土壤保温，根系不受冻害。秧苗冻害多系缺水所致，因此冬前浇足水或选好天气（20℃以上可浇水）灌足水可防冻害。

(5) **中耕保温防寒**　地面板结，白天热气进入耕作层受到限制，土壤贮存热能少，加之板结土壤裂缝大而深，团粒结构差，前半夜易失热，后半夜室温低，易造成冻害。进行浅中耕既可控制地下水蒸腾带走热能，又可保墒、保温、防寒、保苗。

(6) **叶面喷营养素抗寒**　冬季气温低、光照弱，根系吸收能力弱，叶面上喷光合微肥，可补充根系因吸收营养不足而造成的缺素症。叶面喷米醋可抑菌驱虫，与白糖和过磷酸钙混用，可增加叶肉含糖度及硬度，提高抗寒性。冻害后叶面呈碱性萎缩，喷醋可缓解危害程度，宜用100～300倍液。少用或不用生长类激素，以防抗寒性变弱。

(7) **晴天反复放风炼苗**　冬季晴天上午棚内最高温度可达32℃以上，这时应该反复放风，使室内外温差缩小，使植株缓慢适应环境，健壮生长。

(8) **补充二氧化碳**　碳、氮对作物有增产作用，作物对碳、氮比的需要量为30∶1，目前广大农民都认识了氮的增产作用，

68

却忽视了碳的增产效果。冬季棚室蔬菜易徒长黄化,太阳出来后1小时可将晚上作物呼吸和土壤微生物分解产生的二氧化碳吸收,12时左右便处于碳饥饿状态,气温高时可将棚膜开开合合,放进外界二氧化碳,以提高抗性和产量。气温低时闭棚,人为地补充二氧化碳,可增强作物抗寒力,大幅度提高产量。

(9) **及时盖膜保温** 一般棚室白天吸热贮温,晚上释放能量占室内总量50%～60%;土壤吸热放热量占20%～30%;空间存热占20%～30%。根据当天气温,盖膜后1小时室温就可能保持到18℃左右。若高于18℃可迟些盖膜,若低于18℃则要早些盖膜。

(10) **盖多层膜保温** 定植后,若遇霜冻或下雪,每畦上再加小拱棚,让小拱棚与大拱棚之间形成保温隔寒层,可增室温1～3℃。

(11) **选用紫光膜** 冬季太阳光谱中紫外线只有夏天的5%左右。白膜不能透过紫外线,紫光膜可透过紫外线。紫外线光谱还可抑病杀菌,控制植株徒长,促进养分积累。选用紫光膜冬至前后室温比用绿色膜高2～3℃。

(12) **电灯补光增温** 棚内要安装电灯,阴天早晚开灯,给蔬菜秧苗补光3～4小时,加上太阳光每天达到15～18小时光照,每晚关灯6～8小时,让其进行暗反应,可提高产量10%～40%,缩短营养生长期17～21天。

2. 地膜覆盖栽培

采用塑料薄膜覆盖地面,具有提高地温、抑制土壤水分蒸发、保持土壤水分、改善土壤物理性状、抑制杂草生长、利于根系生长的功效。地膜覆盖栽培是一项早熟高产栽培技术措施。地膜覆盖栽培时必须注意以下几点。

(1) **严格按要求整地作畦** 生育期中一般不进行中耕松土,

以保证地膜与土壤表面紧贴。因此，整地时要清除杂草和残株落叶等杂物，耙碎、整平畦面，使其呈龟背形，以便拉紧地膜，使其紧贴地面。

（2）**施足基肥** 采用地膜覆盖后会给追肥带来困难和不便，因此应在整地时施足以迟效性为主的有机肥，并加入火烧土、草木灰。做畦时一定要形成高畦，以便能贮存较多的有机肥。

（3）**种植方式与追肥** 采用育苗移植的瓜类、茄果类蔬菜，可先定植，然后用地膜打孔套盖幼苗，或采用先覆盖地膜然后打孔定植的方法。地膜覆盖后，要把膜的边缘用土压实，并在膜上每隔30～40厘米压一土堆或一长条土带，以防大风揭膜。需要追肥时，可在地膜上远离根际的地方打孔浇水肥。

3. 冬季大棚蔬菜病虫害防治

近年来，霜霉病、疫病、炭疽病和病毒病等在大棚蔬菜上普遍发生为害。尤其以霜霉病和疫病在黄瓜、辣椒等蔬菜上为害较重，造成不同程度的损失。大棚蔬菜病害防治的重点应抓好预防工作。

（1）**加强田间管理** 及时摘除病叶、病枝、病果，并带出田外，集中处理；控制浇水，晴天加强通风透气，降低棚内温度；采用配方施肥，提高植株抗病能力。高垄窄畦，三沟配套栽培。

（2）**药剂防治以预防为主** 防治疫病在发病初期喷药，选用代森锰锌、氰霜唑、霜霉威盐酸盐、吡唑醚菌酯、霜脲·锰锌、氢氧化铜等农药，茎基部和根部发病可用粗水喷雾及淋蔸；嫩茎或叶片发病采用喷雾；兼治褐斑病、炭疽病等。用甲霜灵、烯酰吗啉、三乙膦酸铝加代森锰锌等药剂防治霜霉病和白锈病。用嘧霉胺、异菌脲等防治灰霉病。及时做好病害的监测和发生期预报。

70

4. 其他相关的措施

(1) 大棚茄果类蔬菜徒长原因与预防 茄果类蔬菜，特别是番茄在定植后易发生徒长，表现为茎粗壮，叶片大而肥厚，花蕾、花朵较为瘦弱，不结果；或茎细，茎节突出，叶片薄而色淡，花蕾、花朵瘦弱，落花落果。一般中晚熟品种易徒长。冬季大棚番茄植株徒长的原因主要是以下几种：低温使第一花序的花未能坐果；氮肥偏多；土壤过湿，或者连续阴雨天气，空气湿度经常高于 50%～60%；光照不足，定植过密，或通风透气不良。大棚内栽培辣椒、茄子，第一个门椒、门茄往往坐不住果，主要也是低温所致。

防止发生徒长的措施：①早做定植准备，促进秧苗缓苗。在定植前 10～30 天，做好整地、施基肥、覆盖大棚顶膜和裙边、大棚四周开沟排水等工作，使秧苗定植时棚内湿度较低，温度较高，有利于幼苗安全渡过缓苗期。②控制氮肥用量，采用深沟高畦栽培，以促进根系生长。③适时适量整枝打叶，搭架，使通风透气良好，并用生长调节剂如番茄灵等喷花，促进坐果，抑制营养生长过盛。④在定植缓苗后，每隔 15 天左右用等量式波尔多液或 77% 氢氧化铜可湿性粉剂 500～700 倍液喷雾植株。⑤及时放底风。植株缓苗后，在保持一定温度下，要大胆放风，降低棚内湿度。⑥控制肥水。底肥水充足时，一般在开花坐果前不要施肥水，特别是采用了地膜覆盖的。在坐稳果后，才开始视情况适量追施肥水。

(2) 保花保果技术 如番茄、茄子低温期开花，可用 2,4-滴钠盐 10～20 毫克/千克（ppm）或防落素 20～40 毫克/千克的浓度涂花柄，防止落花，提高坐果率和果实产量。多施有机肥和火烧土、草木灰等，保证有足够养分和钾肥，以增强蔬菜防寒能力。定植后在植株周围覆盖禾草，可起保温作用。辣椒等作物在

71

苗期用 0.2％丁酰肼喷施叶面，可使叶片浓绿、叶肉厚、茎粗壮、植株变矮，增强抗寒、抗旱能力。

第三节 冬春大棚茄子栽培技术

茄子是我国南北各地栽培最广泛的蔬菜之一，它适应性强，管理简单，产量高，因此栽培面积很大。但露地茄子栽培，由于其生育期较晚，果实采收不久便进入高温雨季，果实腐烂严重，给生产带来很大的损失。在闽北低海拔平川地区，利用大棚栽培技术措施，可使茄子的生育期提早 1～2 个月，产量提高 20％～30％，经济效益大幅度增加。

一、温度要求

种子发芽的适温为 25～30℃，10℃以下发芽困难；幼苗期生长适温 20～30℃，17℃以下生育缓慢，低于 10℃停止生长，低于 7℃茎叶受害，−1～−2℃冻死；开花结果期适温为 25～30℃，15℃以下或 35℃以上引起落花，或形成畸形果和僵果。

二、品种选择

早熟栽培应选择开花节位低、耐低温、果实膨大速度快、果皮和果肉颜色以及果形等符合当地消费习惯的品种。闽北地区以绿丰 2 号、闽茄 2 号为主。

三、播种育苗

茄子冬春大棚的栽培（图 4-1），一般于 9 月下旬育苗。为了培育适龄壮苗，应掌握以下技术环节。

图 4-1　大棚茄子栽培

1. 播种床的准备

取肥沃的水稻土 6 份，充分发酵腐熟的猪粪或堆肥 4 份，每立方米混合土加入磷酸二铵 2 千克，捣碎，充分混合，过筛，即配成营养土。在光照条件好的部位铺成 5～7 厘米厚的营养土作苗床。一般每亩的生产田需播种床面积 3 米^2，需种子量 50 克。

2. 浸种催芽

先进行温汤（水温 55℃）浸种 15 分钟，而后采取 30℃ 条件下 16 小时和 20℃ 条件下 8 小时的变温处理，进行催芽，可使种子发芽整齐、粗壮。待大部分种子露白即可播种。

3. 播种及苗床管理

苗床先浇 1 次透水，水渗后撒 1 层过筛的细沙土，随即均匀撒播种子于床面，并铺盖 0.5～1 厘米厚筛细土。茄子易出现"戴帽出土"现象，可于傍晚用喷雾器把种壳喷湿，让其夜间脱帽。苗出齐后，白天温度控制在 25～28℃，夜间 15～18℃。一般籽苗期不干不浇水。需要时，可局部补水。待苗龄 35～40 天，秧苗长到 2 叶 1 心时即可分苗。分苗前 2 天，苗床浇 1 次透水，以利于起苗。

4. 分苗或假植及苗期管理

（1）**分苗**　将营养土铺 8～10 厘米厚，整平、压实，选择晴天上午，按 10 厘米见方的行株距移分苗，或在 2 叶期，一次性假植进钵（或穴盘）。

（2）**苗期管理**　分苗后，将温室密闭 1 周，保持白天 30℃、夜间 20℃，以促进幼苗尽快恢复生长。以后幼苗进入花芽分化阶段，应适当降低温度，白天控制在 25～27℃，夜间 15℃左右。水分管理以苗床表土见干见湿为原则，既不能浇水过多，也不能过分干燥。当发现表土已干、中午秧苗有轻度萎蔫时，要选择晴天上午适量浇水，水量不宜过大。一般苗期不进行土壤追肥，如果苗床养分不足，秧苗淡绿、细弱，可用温水将磷酸二氢钾和尿素按 1 比 1 比例溶解后配成 0.5％的溶液喷洒，随后用清水冲洗 1 遍，以免烧伤叶片。

5. 整地、铺地膜、定植、搭拱棚

（1）**深挖三沟，灌足底水**　对地下水位高的地区，此项措施尤为重要，即操作沟深 35 厘米，腰沟深 50 厘米，隔水沟深 60 厘米，以便排水。

（2）**整地做畦**　每亩施生物有机肥 2000 千克，过磷酸钙 100 千克，与土混匀，耙平。做成 1.2～1.5 米宽的畦，每个标准棚（30 米×6 米）作四畦。

（3）**铺地膜**　覆膜前，灌足底水，地膜要铺平。

（4）**定植**　在 11 月上中旬、秧龄 60～70 天、叶片 6～7 张时，抢晴定植。定植前喷一次杀菌剂，做到带药下田。定植时，保证钵土与畦面相持平。每畦两行，株距 30～40 厘米，边定植边浇定根水。随即拱棚防寒。

(5) **搭拱棚** 大棚可采用简易竹木架或钢架等。

四、田间管理

1. 保温防寒

定植后 3～5 天进行闷棚，以促进茄苗恢复生长。寒冷季节，如霜冻天、下雪天，要提前防寒，大棚内的加盖小拱棚，并在大棚裙膜内侧拉一层膜，以防植株受冻。

2. 通风透光

上午 8 点后，先揭内侧大棚膜，再揭小拱棚膜。中午前后大棚要适当通风，棚内温度白天控制在 23℃左右。

3. 肥水管理

2 月份以后，温度高、水分不够，要适量浇水。盛果期开始追肥，每次亩追施复合肥 10 千克，间隔 15～20 天，整个生长期追肥 4～5 次。茄子上市盛期，需肥量大，除土壤上追肥外，还要适当进行根外追肥，一般每 7～10 天喷 1 次。

4. 整枝修叶

一般将门茄下的侧枝去除即可。在 12 月至翌年 4 月份，可将果实下的叶片全部摘除；有些着生花蕾或幼果的枝条，也可适当摘除部分叶片；对徒长植株更要打叶。4 月份以后，少打叶或不打叶。

5. 保花保果

主要用 15～20 毫克/千克的 2,4-滴钠盐溶液，在花蕾发紫、含苞待放时点花柄或浸花。

6. 防病治虫

大棚茄子的主要病害有灰霉病、褐纹病、绵疫病、菌核病、青枯病等，可采用无病早防的办法，即种植后每隔 7～10 天喷杀菌剂 1 次。主要害虫有蚜虫、蓟马、茶黄螨等，应及时选用合适药剂防治。

7. 及时采收

采收始期为 2 月下旬至 3 月，采收终期为 6 月中旬。可每天采收 1 次。

五、茄子嫁接栽培技术

1. 茄子嫁接栽培的优势

茄子不宜重茬，通过嫁接换根，利用砧木对黄萎病、枯萎病、青枯病，线虫病等土传病害高抗或免疫的特点，达到防病的目的。保护地茄子嫁接后，外观颜色变深，着色均匀，单果重增加，商品性明显改善。此外，嫁接后茄子吸收水肥能力增强，生长迅速，提高了植株的抗逆性，产量明显增加。

2. 茄子嫁接育苗技术

（1）**砧木品种选择** 砧木与接穗在嫁接亲和力上品种间表现差异都不大。目前较新推出的砧木优良品种主要有托鲁巴姆。接穗可选用当地主栽、市场上受欢迎的优良茄子品种。

（2）**播种** 不同砧木发芽及生长速度不同，根据不同砧木品种，通常砧木要提前 10～15 天播种，托鲁巴姆宜提前 15～20 天播种。采用常规方法育苗，然后分苗到营养钵内。接穗要严防苗期感染土传病害，所以苗床土宜采用无病虫基质或提前对苗床土进行严格消毒。

（3）**嫁接前管理** 接穗及砧木在出齐苗前均采用高温催苗措施，白天保持 28～32℃，夜间 18～23℃。出齐苗后应适当降温 3～5℃。浇水应根据不同基质而灵活掌握，保持见干见湿。当幼苗长出 3～4 片真叶时及时分苗。砧木要分到 8～10 厘米直径的营养钵中，接穗可分到消毒的苗床内，保持株行距 7～10 厘米。分苗后应加强管理，尽快促进茄苗恢复生长，并防止病虫害发生。其他管理与普通茄子育苗相同。

（4）**嫁接方法** 茄子嫁接应在 18～25℃、湿度较高且光照较弱的温室内进行，宜采用劈接法嫁接。当砧木与接穗长至 6～8 片真叶、茎半木质化、茎粗 5 毫米左右时嫁接。嫁接前应备有操作台、干净刀片和嫁接荚子。先在高 3.3～6.7 厘米处用刀片平切掉砧木上半部，保留 3 片左右真叶，然后用刀片在茎中间垂直向下切入 1 厘米深。拔下（或切下）接穗苗（选与砧木粗细一致的），在其半木质化处（即苗茎紫色与绿色相同处）切去下端，保留 2～3 片真叶，削成双斜面楔形，楔形长短为 1 厘米。随即将削好的接穗插入砧木切口中，对齐后用圆口嫁接夹固定。如果当时接穗苗偏小、偏细，应使接穗与砧木的茎一侧对齐，这样有利于成活。

（5）**嫁接后管理** 茄子嫁接后应马上放入提前准备好的塑料小拱棚内，并及时进行叶面喷雾保湿，以免接穗萎蔫。一个小拱棚摆满后要马上扣严棚膜，以保持棚内湿度。嫁接后 3 天内温度白天应保持 25～28℃，夜间 18～22℃。为了保证茄子嫁接后愈合期能达到所需的温湿度，应配合使用地热线、遮阳网覆盖等措施。嫁接苗经过 7～10 天后，伤口接合，接穗开始生长，而砧木的侧芽生长也很迅速。此时要及时除净砧木萌芽，将正常成活开始生长的苗挑出小拱棚，而成活略慢或假成活的苗先在小拱棚内多放置 5～7 天，以利其进一步成活和生长。一般茄子嫁接成活后即可与普通茄子苗相同管理，在嫁接成活后 10～15 天即可定植，定植前 5～7 天要适当进行炼苗，以利定植后的茄苗缩短缓苗期。

3. 定植及定植后管理

（1）**整地施肥** 因茄子嫁接后生长势强，产量提高，因此要深翻地，施足有机肥。每亩可施优质有机肥 3000 千克以上、磷酸二铵和硫酸钾各 30 千克。

（2）**定植** 嫁接苗定植时的种植密度应较自根苗减少10%。定植时要注意不可埋住嫁接口，使嫁接刀口距地面2厘米以上，以免接穗感染土传病害。

（3）**定植后管理** 定植后应及时去除砧木上的萌芽，并在茄子开花坐果前后摘掉嫁接夹子。保护地栽培应在开花时及时蘸花保果，其他栽培管理与普通茄子栽培相同。

嫁接茄子还可以进行再生栽培。方法为在生长后期植株衰弱后在嫁接刀口以上5～6厘米处平割（剪去上半部），然后对留下的接穗桩加强水肥管理，当接穗桩的萌芽长出后选留1～2个壮枝，其余疏去，继续进行正常管理。

第四节 冬春大棚辣椒栽培技术

辣椒生长发育对日照长度要求不严格，可以利用大棚设施进行冬春季栽培（图4-2）。当年冬季种的辣椒，翌年3月份后就可上市。

图4-2 大棚辣椒栽培

一、温度要求

辣椒种子发芽的适温为 25～30℃，15℃以下发芽困难；幼苗期生长适温白天 20～27℃，晚上 15～18℃；开花结果期适温为 20～27℃，15℃以下或 35℃以上引起落花落果。整个生长期温度范围 15～30℃，低于 12℃就要盖膜保温，超过 35℃就要遮阳或浇水降温。

二、选择品种

根据山区椒农的种植经验，可选择湘研 9 号、湘研 10 号、湘研 11 号、福辣 6 号等辣椒品种。但如某品种要在未试种过的地区进行种植，一定要在当地经过区域试验、示范后才能大面积推广，并且要特别注意区别是冬春耐寒早熟栽培品种，还是夏秋季栽培品种。

三、种苗培育

10 月中旬播种。苗床要求高畦、深沟。播种时浇足底水，覆土后盖一层湿稻草，搭小拱棚架，用遮阳网覆盖顶部，做到四周通风，降低地温，防止暴雨淋洗。当秧苗顶土时揭去稻草。出苗后 12 天左右、有 2～3 片真叶时，开始进行假植。假植后用遮阳网盖好，四周用网纱将苗床围实，以防止蚜虫危害及传染病毒。气温高时，应保持苗床湿润，做到晴天早晚各浇水一次，浇水的同时可以薄施尿素液。

四、整地施基肥

冬春季辣椒生长期长，要施足基肥。一般每个标准棚（30 米×6 米）施腐熟厩肥 1000 千克、复合肥 15 千克，基肥可结合整地，施入土壤。每个棚整成四畦，每畦宽度为 1.2 米。畦上铺地膜，覆膜前要灌足底水，地膜要铺平。

五、定植

在 11 月下旬至 12 月，一般有 5～6 片真叶时开始定植。每畦两行，株距 30 厘米。定植时浇定根水，边定植边浇水；定植后用遮阳网覆盖，以防幼苗萎蔫。

六、田间管理

1. 肥水管理

定植后经常保持土壤湿润；进入开花期后，每 2 周可结合浇水进行施肥。每个标准棚每次用 3 千克复合肥进行点施（或条施），施肥后进行盖土。

2. 保花保果

由于前期开花时气温较低，容易落花，因此应用防落素喷花或点花柄，以促进坐果。

3. 覆盖保温

冬春季辣椒栽培主要是做好保温工作，即进入 11 月份后，应对大棚进行覆盖保温。开始时，白天温度较高，应注意通风降温；但到了 12 月下旬后，外界气温较低，通风一般只能在中午进行；在霜冻天和下雪天，除了大棚覆盖外，还需要搭建小拱棚进行多层覆盖，以及其他保温措施，以确保适宜的温度。

4. 病虫害防治

冬春季栽培辣椒，病虫害较多，前期要特别注意防治蚜虫，中后期注意菌核病的防治。

第五节 冬春大棚番茄早熟栽培技术

一、温度及营养要求

番茄属短日照作物，但栽培品种一般为中光性，只要温度适宜，四季可以栽培。番茄喜温暖，但不耐高温和霜冻。番茄种子发芽最低温度为 11℃，营养生长期适温 20～25℃，开花结果期对温度要求严格，开花期要求夜温 15～25℃，夜温低于 15℃ 和白天温度高于 30～35℃，均会引起生理障碍，造成花器发育和授粉不良，引起落花落果。营养生长阶段和开花结果期间，均要求日夜有较大的温差，差额以 5～10℃ 为好。番茄要求较强光照，光合作用饱和点为 7000 勒。结果前期主要为叶的生长，对氮的吸收较多；随着植株的生长，对磷、钾需量增加，果实迅速膨大时，钾的吸收量占优势。

二、品种选择

应选用抗病、早熟、耐寒、结果集中、丰产的品种，如瑞丰、倍盈、粉娘、千禧、蔓西娜、合作 903、冠群 3 号、冠群 6 号等优良品种。

三、培育壮苗

1. 播种期的确定

适宜的播种期应根据当地气候条件、定植期和壮苗标准而定。适龄壮苗要求定植时具有 6～8 片叶，第一花序已现蕾，茎粗壮，叶色浓绿、肥厚，根系发达。要达到此标准，通常苗龄 70～80 天，一般在 9 月中旬至 10 月份播种。

2. 假植

番茄苗适宜在 1～2 片叶时移植，过晚移植会影响花芽分化。一般采用开沟移苗，或用营养钵、纸袋栽苗。移苗的株行距为 8～10 厘米见方。

3. 苗期管理

注意掌握适宜的温度和水分，满足对营养条件的需要。在营养土中应配合一定量的氮、磷、钾。为了保证幼苗的磷肥需要，在幼苗期可喷 2％过磷酸钙溶液 1～2 次。在氮、磷、钾配合适当的情况下，即使温室稍低、光照较弱，幼苗仍能进行正常的花芽分化。

四、深耕重施基肥

定植前深翻菜地 25～30 厘米。每亩施生物有机肥 2000 千克左右作基肥，结合翻地将其翻入深层。整地作畦，进行晾晒，以提高地温。定植时每亩可沟施生物有机肥 2500 千克左右、过磷酸钙 20～30 千克。

五、定植

覆膜前要灌足底水，地膜要铺平。定植在 11 月下旬、叶片 7～8 张时抢晴进行。定植前喷一次杀菌剂，做到带药下田；定植时，保证钵土与畦面持平。每畦栽种两行，株距 30～40 厘米，边定植边浇定根水。

六、定植后的管理

1. 温湿度的控制

定植后要求保持较高的温度，以缩短缓苗期，为开花坐果奠定物质基础。所以定植后 3～4 天不放风，棚内维持 25～30℃左右，空气相对湿度可达 80％左右。缓苗后要降低棚温，加大放风量，白天控制在 20～25℃，夜间 13～15℃，相对湿度降到 60％左右。夜间温度不能过低，否则会影响植株正常发育。在果实膨大期温度可适当提高，白天控制 25～28℃，夜间 15～17℃，空气湿度 45％～60％，土壤湿度 85％～95％。特别是果实接近成熟时，棚温可稍提高 2～3℃，以加快果实红熟。但挂红后不宜保持高温，否则会影响茄红素的形成，不利于着色而影响品质。当夜间最低温度不低于 15℃时，可昼夜通风换气。

2. 浇水、追肥和中耕

缓苗期间要营造温度高的环境，防止因浇水不当，降低地温而影响幼苗生长。缓苗后浇一次缓苗水，并随水每亩追施尿素 5～10 千克，以利催秧。在缓苗水后要进行蹲苗，严格控制浇水，应勤松土，以提高地温，保持土壤墒情，从而达到控制茎叶徒长、促使体内物质积累和根系生长的目的。第一花序果长至核桃大小时应结束蹲苗，每亩需追施尿素 15 千克或腐熟有机肥 1000 千克。盛果期的水肥必须充足，此时可再追肥 1～2 次。每亩每次追施尿素 10 千克左右，或用尿素、磷酸二氢钾进行叶面喷肥。一般每隔 7 天左右浇 1 次水。但追肥灌水要均匀，不能忽大忽小。否则，易出现空洞果或脐腐病。

3. 其他管理

冬季温度低，影响授粉受精，引起落花。特别是第一花序要保花保果，可于上午花瓣开放时用 10 毫克/千克的 2,4-滴钠盐或 30 毫克/千克的防落素涂抹花柄或喷花。

棚内高湿、弱光是小气候特点，极易引起番茄徒长，结果不良，成熟晚。所以，除了一定要保第一花序的果外，还要及时整枝打杈，协调好营养生长与生殖生长的关系。早熟栽培一般采用单干整枝，留 4～6 穗果摘心。果穗太密或果实太多时，可疏去多余的小果，后期应随时摘去下部的病、黄、老叶，以利通风透光。同时，还应及时做好防病工作。

利用大棚设施进行冬春季栽培的番茄（图 4-3），3 月份以后就可上市。

图 4-3　大棚番茄栽培

第六节　冬春大棚黄瓜栽培技术

一、品种选择

抗病、丰产、商品性好的品种，冬之光，津研 4 号、7 号，津春 3 号、4 号，津杂 3 号、4 号等。

二、育苗

为预防病虫害的发生，可选用 3％甲霜·噁霉灵水剂、50％多菌灵可湿性粉剂、70％甲基硫菌灵可湿性粉剂或 70％敌磺钠可溶粉剂等进行育苗基质或土壤消毒；用 4％联苯·吡虫啉颗粒剂等施入育苗基质或土壤，以防治地下害虫。可用大棚加小拱棚育苗、夜晚蒸汽加温、地热加温等保温措施育苗。

1. 育苗方式和播种期

可采用塑料钵育苗。冬春大棚黄瓜播种期在 11 月至翌年 1 月为宜（图 4-4）。

图 4-4　大棚黄瓜栽培

2. 播种前的准备

播种营养土可按 5 份腐熟有机肥、4 份园田土、1 份细炉灰的比例配制，或直接购买配制好的育苗基质土。每立方米营养土或基质土中加入尿素 0.5 千克、磷酸二铵 1～2 千克混匀。

3. 播种

（1）**种子处理**　播前种子进行浸种催芽，黄瓜 55℃温水浸种 10 分钟；待水温降至 30℃时，温水继续浸泡 4 小时，然后洗净包好，置于 28℃温箱中催芽。

（2）**催芽后播种**　每个营养袋放一粒种子，选晴天上午播种，播后覆土盖膜。

(3) 苗床管理 播后要尽量提高室温，气温保持在28～30℃，土温25℃以上；出苗后立即降温，白天气温控制在23～25℃，土温15～18℃，昼高夜低。定植前1周加大昼夜温差，低温锻炼苗，以培育壮苗。

三、种植管理

1. 定植前准备

为预防病虫害，可参照育苗基质或土壤消毒的药剂，对种植基质或土壤进行消毒，以防治土藏害虫。或者将联苯·吡虫啉、甲霜·噁霉灵与肥料和种植基质充分混合，高温大晴天闭膜闷棚8小时，利用棚内高温和药物杀灭基质中的病菌和地下害虫。

2. 定植

可采用单株双行定植方式，亩栽苗2000～2200株。定植后浇定根水。

3. 定植后的管理

定植后管理的关键在于调控好水、肥、气、热、光等条件，促进营养生长和生殖生长的平衡，通过管理创造一个有利黄瓜生长而不利于病害发生的环境条件，从而达到高产优质的目的。

定植到缓苗期间管理的关键是调控好温度，白天应保持28～30℃，夜间不低于15℃。缓苗后应加大昼夜温差，以促根控秧，及时绑蔓上架。结果期加强肥水管理是获得高产、优质高效的关键。整个生育期要注意控温降湿，采用生态防病，白天如超过30℃就应放风降温，下午降到20℃时就应关棚。生长后期可用0.20％磷酸二氢钾进行叶面追肥。

黄瓜长到一定高度时就应进行绑蔓等植株调整。绑蔓方法是在黄瓜垄的上端南北向拉铁丝，黄瓜缓苗后吊绳牵引，每4～5

片叶绑蔓一次。生长点长到接近屋面时，除去下部黄叶、病叶进行落蔓。同时打去过多的雄花和卷须。

4. 采收

近根瓜要及早采收，夏初 2～3 天采收 1 次，收获后理顺码齐，用塑料包好装箱上市。

四、病虫害防治

1. 霜霉病

主要为害叶片，偶尔为害茎、花梗。在认真做好生态防治的同时，抓好以下药剂防治措施。对口药剂有 70％乙铝·锰锌可湿性粉剂 400 克/亩、50％王铜·甲霜灵可湿性粉剂 100～125 克/亩、722 克/升霜霉威盐酸盐水剂 80～100 毫升/亩、18.7％烯酰·吡唑酯水分散粒剂 75～125 克/亩、69％烯酰·锰锌水分散粒剂 100～133 克/亩、72％52.5％噁酮·霜脲氰水分散粒剂 20～40 克/亩、47％春雷·王铜可湿性粉剂 600～800 倍液。严格按使用倍数、间隔时间施药，并要交替使用药剂，不可连续使用。

2. 白粉病

可为害植株地上部，但以叶、蔓受害为主。初期叶片两面出现白色近圆形小粉斑，后扩展成边缘不明显的大片白粉区，最后病组织变褐、干枯、严重时叶片枯萎，有些在白粉中产生黑色小颗粒，此即病菌的有性世代——闭囊壳。防治：12.5％腈菌唑乳油 16～32 克/亩，62.5％锰锌·腈菌唑可湿性粉剂 200～250 克/亩，30％腈菌·乙嘧酚悬浮剂 25～35 克/亩喷雾。温棚中瓜类上不能使用三唑酮，否则会发生药害。

3. 美洲斑潜蝇

此虫以幼虫潜于叶内为害，形成蛇形白色虫道，终端明显变宽。防治措施：①美洲斑潜蝇成虫对黄色有强烈趋性，用粘虫胶（如新正克蝇）制成黄色粘板、粘瓶（可利用空矿泉水瓶）或灭蝇纸诱杀成虫，每亩挂8～15个点；②释放姬小蜂、反颚小茧蜂等天敌；③喷施100亿孢子/毫升短稳杆菌悬浮剂800倍、80%灭蝇胺水分散粒剂10～20克/亩、1.8%阿维菌素乳油25～30毫升/亩、25%乙基多杀菌素水分散粒剂等。

第七节　冬春大棚食用地瓜叶栽培技术

甘薯为旋花科甘薯属植物，亦称红薯、地瓜。经人工选择而选育出供食用薯苗顶端茎尖嫩茎叶的品种通常称为"地瓜叶"（图4-5）。地瓜叶在香港乃至世界被誉为"蔬菜皇后""长寿蔬菜"及"抗癌蔬菜"，是真正的绿色蔬菜产品。

图4-5　地瓜叶

一、温度要求

适宜生长温度为22～25℃。薯苗栽插后需有18℃以上的气温始能发根，一般气温低于15℃时茎叶生长停滞。2～6月春夏扦插。一年四季可以大棚种植。

二、营养成分及保健作用

甘薯芽苗营养丰富，每100克甘薯秧蔓顶端的10～15厘米及嫩叶、叶柄合称茎类。甘薯茎尖含有丰富的蛋白质、胡萝卜素、维生素、铁和钙质。据化验分析：茎尖粗蛋白质量为干重的21.1%～15.1%，与猪牛肉相当。茎叶和茎尖的蛋白质为2.7%，胡萝卜素为5580国际单位/100克，维生素C为41.07毫克/千克，钙为74毫克/千克，铁为4毫克/千克，维生素B_1为3毫克/千克，烟酸6～10毫克/千克，维生素B_6为2.1毫克/千克。据中国预防医学院的检测，甘薯茎尖和芹菜、甘蓝、菠菜、白菜、油菜、韭菜、黄瓜、茄子、胡萝卜、番茄等13种蔬菜相比较，在14种营养成分中，蛋白质、脂肪、热量、纤维素、碳水化合物、钙、铁、磷、胡萝卜素、维生素C、维生素B_1、维生素B_2、烟酸等13项，均居首位。

甘薯茎尖中含有丰富的黏液蛋白，对人体的消化道、呼吸道、关节腔、膜的润滑和血管的弹性有保护作用。这种物质可防止脂类物质在动脉管壁上沉积而引起的动脉硬化，可以防止肝及肾脏等器官结缔组织的萎缩，提高机体的免疫力。另外，还具有升高血小板、止血、防止夜盲、促进肠道蠕动、防止便秘等保健功能。目前，美国把甘薯茎尖列为非常有开发前景的保健长寿菜之一。日、美等国甚至将甘薯茎列为长寿食品或航天食品，德国称甘薯叶、尖为蔬菜皇后。

三、栽培方法

甘薯具有适应性广、抗逆性强、耐旱、耐贫瘠、植株的吸收能力和再生能力、抗病虫能力都很强的特点，因此，在南亚热带地区四季常青，生长旺盛。采取全有机栽培，搭建大棚，冬季用白色塑料薄膜保温栽培；夏季遮阳用 45％遮光率的黑色遮阳网遮光栽培。品种可选福薯 18 号、福薯 7～6、百薯 1 号、川菜薯 17、泉薯 830、台农 71 等。种苗可选取甘薯茎段或顶端嫩茎直接扦插种植，淋水保湿，夏秋经 15 天、冬春经 30 天左右即可采摘。把甘薯茎尖开发、加工成绿色蔬菜和保健食品，其附加值会大大提高。一次种植可常年采摘，一般亩产可达 3000～5000 千克以上。

产品采摘芽长在 10～15 厘米之间，茎叶嫩绿有光泽，无病虫害，无黄叶，无腐烂，无其他污染迹斑。可采用真空包装，冷藏保鲜。

甘薯病虫害主要有甘薯蜡龟甲、甘薯茎线虫病、甘薯蛾类、甘薯跳盲蝽、甘薯茎螟、甘薯黑斑病、甘薯瘟、甘薯软腐病、甘薯蔓枯病、甘薯枯萎病、甘薯病毒病，以及甘薯缺素症和冻害。

第八节　大棚早熟西瓜无公害栽培技术

西瓜常规栽培一般为 3 月下旬至 4 月播种，6 月下旬至 8 月集中上市供应，现闽北采用设施栽培，通过提早或延迟播种时间，在 4 月下旬到 11 月均有西瓜上市供应。除常规栽培方式外，还有以下几种栽培方式：①大棚早熟栽培。1 月播种，2 月中下旬移栽，4 月下旬至 6 月中旬上市。②高山或夏秋耐热栽培。5月播种，8 月中旬到 9 月上旬上市。③秋季保护地延后栽培。7

月下旬至 8 月上旬播种，国庆节前后到 11 月上市。下面以大棚早熟小西瓜为例，介绍其无公害生产技术。

一、温度要求

种子发芽适温 25～30℃，低于 15℃或高于 40℃发芽困难；幼苗期适温 22～25℃；抽蔓期适温 25～28℃；开花期适温 25℃；10℃以下子房脱落，无法结果，果实膨大期适温 30℃。

二、地块与品种选择

选择农业生态环境良好、地势高燥、土层深厚、疏松、肥沃的沙壤土，并且排灌方便、尽量选择上茬未种过瓜果的地块（如果连作，则须土壤消毒）。冬季翻耕，促进土壤熟化。施足基肥，可用生物有机肥 2000 千克/亩。

根据市场需求及当地的气候条件选择适当品种。适宜山区大棚种植的西瓜品种有黑美人、樱桃红、天王小西瓜、宝兰等品种。

三、晒种、浸种及催芽

晒种可提高种子发芽能力。温水浸种 8～12 个小时，然后捞出用布将种子包好搓去种皮上的黏膜，用 10 亿 CFU/克多黏类芽孢杆菌可湿性粉剂浸种 100 倍或 70％甲基硫菌灵可湿性粉剂 1000 倍或 25％咪鲜胺乳油 1000 倍浸 4 个小时，可有效预防病害。

催芽：将浸好的种子平放在湿纱布上，纱布不能太湿，种子上面再盖一层湿纱布，保温 30℃左右催芽。

四、育苗技术

1. 营养钵或穴盘育苗

可直接用购买配制好的育苗基质土，也可自己配制营养土。自制营养土可取5年以上未种过瓜类的稻田土，过筛，加入5%腐熟有机肥、0.3%碳酸氢铵、0.2%过磷酸钙和0.1%硫酸钾，加适量水拌匀，用薄膜覆盖堆制半个月以上。在调好的配方土中，每100千克加入70%甲基硫菌灵可湿性粉剂150克，并翻洒均匀后装钵育苗。塑料营养钵选用的规格为10厘米×10厘米，也可以直接采用50孔或36孔的穴盘进行育苗。在12月下旬至2月进行播种。每个营养钵播一粒已露芽眼的种子。

出苗前温度可适当偏高，白天掌握28~30℃，最低不低于22℃，夜间18~25℃。当30%~40%的苗出土后，要及时揭去地膜，小拱棚逐步通风。出苗后白天温度控制在25℃左右，夜间15~18℃。苗期主要病虫害有猝倒病、霜霉病、疫病、蚜虫、蓟马等，应注意防治。

2. 移栽定植

定植地先要深耕整畦，施足基肥（生物有机肥2000千克/亩＋45%复合肥20千克/亩效果更佳）。定植成活后轻追苗肥。

五、田间管理

1. 温度管理

掌握白天30~35℃左右温度通风，晚上保持15℃以上，尽可能多见光，中午通风降湿。如遇连续阴雨天气，也要尽可能利用中午揭去内层覆盖物见光，防徒长。

2. 补苗壮苗

定植后如发现死苗，立即补种；如发现僵苗，可用0.01%

芸苔素内酯可溶液剂 1500～2000 倍液喷施，以促进幼苗生长。

3. 整枝留果

小西瓜早熟栽培每株结多个果，为了保证每条蔓坐果整齐，就要及时打顶摘心。爬地方式栽培的，可在 3～5 蔓时整枝。将所留瓜蔓理顺，使其朝一个方向生长；近根瓜要及早摘除，选留每蔓第 2 或第 3 雌花坐瓜，每蔓留瓜 1～2 个，坐果后留 10 张叶片打顶。在采收前 10～15 天用草垫进行垫瓜，并每隔 5～6 天翻瓜 1 次。立架方式栽培的，在 2～3 蔓时进行整枝，及时吊蔓，坐果后瓜重 250 克左右及时护瓜（图 4-6）。

图 4-6　西瓜坐果后及时护瓜

4. 授粉

开花期如遇连续阴雨、低温，在上午 8～10 时进行人工辅助授粉，同时做好标记。必要时可用高效"坐果灵"喷子房，以提高坐果率，防徒长。

5. 施肥疏果

当果长至鸡蛋大时进行疏果，每株留 1～2 个果。果膨大期需追肥，用 45％含硫复合肥 20 千克/亩。适量浇水，采收前要停止灌水。要及时摘除病叶，发病中心病株及时喷药。

6. 病虫害防治

（1）**金针虫、小地老虎、蝼蛄和蛴螬** 用 10％高效氯氟氰菊酯水乳剂 10 毫升/亩浇灌或喷湿土表。

（2）**瓜蚜、温室白粉虱和蓟马** 在发生初期，选用 25％噻虫嗪水分散粒剂 8～10 克/亩、70％啶虫脒水分散粒剂 2～4 克/亩或 35％呋虫胺可溶液剂 5～7 毫升/亩喷雾。除花期外，施药时可加入叶面肥，以促进生长及瓜膨大。

（3）**斑潜蝇** 选用 100 亿孢子/毫升短稳杆菌悬浮剂 800 倍倍、1.8％阿维菌素乳油 25～30 毫升/亩，或 80％灭蝇胺水分散粒剂 15～18 克/亩等药剂喷雾防治。

（4）**红蜘蛛** 选用 1.8％阿维菌素乳油 1500 倍液或 110 克/升乙螨唑悬浮剂 5000 倍液喷雾防治。

（5）**斜纹夜蛾** 在发生初期（卵孵盛期或 1～2 龄幼虫期），选用 100 亿孢子/毫升短稳杆菌悬浮剂 800 倍、5％甲氨基阿维菌素苯甲酸盐水分散粒剂 4～5 克/亩或 20％甲维·甲虫肼悬浮剂 10～12 毫升/亩等药剂均匀喷雾。

（6）**甜菜夜蛾** 在发生初期（卵孵盛期及 1～2 龄幼虫期），100 亿孢子/毫升短稳杆菌悬浮剂 800 倍，或 5％氯虫苯甲酰胺悬浮剂 60 毫升/亩，或 10％溴氰虫酰胺可分散油悬浮剂 19.3～24 毫升/亩喷雾防治。

（7）**瓜绢螟** 在卵孵盛期及 1～2 龄幼虫期，选用 100 亿孢子/毫升短稳杆菌悬浮剂 800 倍、20％甲维·甲虫肼悬浮剂 10 毫升/亩或 15％甲维·茚虫威悬浮剂 20 毫升/亩喷雾。

（8）**西瓜枯萎病** 发病初期，选用100亿cfu/克多黏类芽孢杆菌可湿性粉剂1500克/亩、或30％甲霜·噁霉灵水剂100～130毫升/亩灌根，或用25％咪鲜胺乳油750～1000倍液，喷雾至滴水。

（9）**炭疽病** 选用250克/升吡唑醚菌酯乳油15～30毫升/亩、325克/升苯甲·嘧菌酯悬浮剂40～50毫升/亩或40％苯甲·咪鲜胺水乳剂8～11毫升/亩，发病初期细雾喷施。

（10）**疫病** 发病初期用80％代森锰锌可湿性粉剂800倍液，或100克/升氰霜唑悬浮剂53～67毫升/亩，或60％唑醚·代森联水分散粒剂60～100克/亩，均匀喷雾。在常发病区，应提前预防。

（11）**瓜类白粉病** 发病初期选用40％苯甲·嘧菌酯悬浮剂30～40毫升/亩，或30％氟菌唑可湿性粉剂15～18克/亩，或42.4％唑醚·氟酰胺悬浮剂10～20毫升/亩，均匀喷雾。

（12）**霜霉病** 选用722克/升霜霉威盐酸盐80～100毫升/亩，或69％烯酰·锰锌水分散粒剂100～133克/亩，或72％霜脲·锰锌可湿性粉剂133～167克/亩等，均匀喷雾。

（13）**病毒病** 选用35％呋虫胺可溶液剂5～7毫升/亩，或70％吡虫啉水分散粒剂1～3克/亩，或70％啶虫脒水分散粒剂2～4克/亩喷雾（蚜虫传播病毒，应及时防治蚜虫，切断病毒传播途径）。农业配套措施：增施有机肥、追施磷钾肥，使用叶面肥，增强抗病能力。适当灌水提高植株抗病能力，发现个别病株及时拔除埋掉。

（14）**根结线虫病** 主要为害根部，根瘤形成后，根系维管束受阻，严重影响作物吸收养分。可用3％阿维菌素微囊悬浮剂500～700毫升/亩灌根，或15％噻唑膦颗粒剂1000～1333.3克/亩撒施。

第五章　山区无公害蔬菜无土栽培技术

第一节　山区居家蔬菜常见品种及种植时间

通过较全面的市场了解、专家咨询，收集到山区常见蔬菜及播种季节的相关资料，并将收集到的居家蔬菜信息进行归类整理，分成 45 类，分别说明其适宜的种植时节和目前常见的种植品种。

蔬菜的种植季节性强，一旦失误将会给生产带来损失。一般喜温性蔬菜宜冬春播种，耐热性蔬菜宜春季和夏秋播种，喜凉性蔬菜宜秋冬播种。

目前家居蔬菜栽培盛行，不少有条件的居家，在房前屋后或阳台、露台上种植一些蔬菜（图 5-1）。一方面对自己种植的蔬菜

图 5-1　阳台栽培番茄

可以放心食用，另一方面还可以起到锻炼身体、绿化家园、打发节假日时间、获得农事体验和休闲乐趣等作用。有许多居民或亲朋好友向我们表达了希望了解、掌握居家蔬菜种植方面的技术信息，尤其关注适时种植时令蔬菜的问题。以下整理的材料，或许对这些人有所帮助，同时也可供有条件、有兴趣的山区居民参考。

1. 木耳菜

适宜的种植时节为 4～8 月。目前种植的品种，常见的有大叶藤菜、台湾大叶木耳菜、红花落葵、白花落葵等。

2. 蕹菜

适宜的种植时节为 3～9 月。目前种植的品种，常见的有台湾白骨柳叶空心菜、台湾竹叶空心菜、泰国空心菜、福州水蕹等。

3. 小白菜、菜心

适宜的种植时节为 1～12 月。目前种植的品种，常见的有华王、华冠、华京、清江白、上海青、厚叶快菜、台湾 6 号快菜、特选四季黄秧小白菜、改良金品 21、台湾清江白、特快先锋、绿冠青梗菜、广东四季青、上海四月、五月慢、山西小白菜、短脚黑叶白菜、花瓶菜、冬竹四季菜心、七叶菜心、油丰 7 号甜菜心等。

4. 大白菜、夏白

适宜的种植时节为 7 月份至来年 2 月。目前种植的品种，常见的有春鸣、春泉、小杂 55、小杂 56、中熟 4 号、013 白菜、早熟 5 号大白菜、黄妃大白菜、金品早熟五号（冬春型）等。

5. 芥菜

适宜的种植时节为 8 月至来年 2 月上旬。目前种植的品种，常见的有圆秆芥菜、阔叶芥菜、高脚芥菜、大坪埔大肉包心芥菜等。

6. 甘蓝、芥蓝类

适宜的种植时节为 7 月至来年 1 月上旬。目前种植的品种，常见的有京丰 1 号、中甘 13 号、夏丰、冠军、铁球、四季获、榕蔬粗条芥蓝、盖山宽杆芥蓝、福州宽叶芥蓝、榕蔬黄花芥蓝等。

7. 花菜类

适宜的种植时节为 7～10 月。目前种植的品种，常见的有庆农 60 天、庆农 85 天、庆农 90 天、庆农 120 天等庆农系列品种。

8. 生菜、莴苣类

全年适宜种植。目前种植的品种，常见的有意大利生菜、种都莴苣、飞桥莴苣，以及全年耐抽薹生菜，四季耐抽薹生菜（802），抗热无斑香油麦，四季高产油麦等。

9. 苋菜

适宜的种植时节为 4～8 月。目前种植的品种，常见的有红苋、白苋、白圆叶苋菜、圆叶红苋菜、大红苋菜、严选红圆叶苋菜等品种。

10. 茼蒿

适宜的种植时节为 9～12 月。目前种植的品种，常见的有大叶茼蒿、小叶茼蒿等品种。

11. 菠菜

全年适宜种植。目前种植的品种，常见的有法莲草、清风、春绿、福清菠菜、蒲城菠菜、全能菠菜、光辉菠菜等品种。

12. 冬寒菜（其菜）

适宜的种植时节为 7～9 月。目前种植的品种，常见的有红叶冬寒菜、红脉冬寒菜、绿叶冬寒菜、本地种其菜等品种。

13．番茄

适宜的种植时节为 3～5 月和 9～12 月。目前种植的品种，常见的有金玲珑、千禧、凤珠、秦皇 903、浙杂 805、百利、铁砂龙、众盈等品种。

14．茄子

适宜的种植时节为 3～5 月和 9～11 月。目前种植的品种，常见的有农友长茄、屏东长茄、玫茄 1 号、绿丰 2 号、闽茄 2 号，紫长茄等品种。

15 辣椒、甜椒类

适宜的种植时节为 3～5 月和 9～11 月。目前种植的品种，常见的有湘研辣椒、洛椒、赣椒、朱棣、红英达、改良新一代簇生椒、大果尖椒王等品种。

16．黄瓜

适宜的种植时节为 3～4 月和 7～8 月。目前种植的品种，常见的有夏之光、冬之光、津研、津春、津杂、黄瓜王等品种。

17．冬瓜

适宜的种植时节为 3～5 月。目前种植的品种，常见的有早青冬瓜、黑将军、青丰小节瓜等品种。

18．南瓜、观赏南瓜、西葫芦

适宜的种植时节为 3～5 月。目前种植的品种，常见的有甜栗南瓜、红甜栗南瓜、超甜蜜本南瓜、早青一代等品种。

19．丝瓜

适宜的种植时节为 3～5 月。目前种植的品种，常见的有福州肉丝瓜、粤优三号、长沙肉丝瓜、农福 801、福研 3 号等品种。

20．佛手瓜、龙须菜

适宜的种植时节为 3～5 月。目前种植的品种，永春佛手瓜、尤溪佛手瓜等品种。

21. 苦瓜

适宜的种植时节为 3～4 月和 7～8 月。目前种植的品种，常见的有新翠、闽研 2 号、玉春、如玉 5 号等。

22. 西瓜

适宜的种植时节为 3～4 月和 7～8 月。目前种植的品种，常见的有黑美人、早春红玉、麒麟瓜、大红宝、超甜花冠龙等品种。

23. 甜瓜

适宜的种植时节为 3～4 月和 7～8 月。目前种植的品种，常见的有金辉、银辉、金满地、日本甜宝等品种。

24. 瓠瓜

适宜的种植时节为 3～4 月和 7～8 月。目前种植的品种，常见的有福州芋瓠、早生短棒瓠、台湾早熟瓠瓜、翠绿瓠瓜等品种。

25. 豌豆、荷兰豆、甜脆豆

适宜的种植时节为 9～11 月。目前种植的品种，常见的有奇珍 76、台中 13 号等品种。

26. 蚕豆

适宜的种植时节为 10～11 月。目前种植的品种，常见的有陵西 1 寸、早生 615 等品种。

27. 豇豆

适宜的种植时节为 3～8 月。目前种植的品种，常见的有特早 30、之豇 28－2、高产 4 号、901 青豇豆、美味豇豆、台湾春夏秋红皮豆、庐山新一号等品种。

28. 毛豆

适宜的种植时节为 3～4 月和 7～8 月。目前种植的品种，常见的有 292、75、305、闽豆 1 号等品种。

29. 四季豆

适宜的种植时节为 2～4 月和 8～9 月。目前种植的品种，常见的有青南湖刀豆、川红架豆王、红花架豆等品种。

30. 生姜

适宜的种植时节为 2～3 月。目前种植的品种，常见的有台湾肥姜、大田金姜等品种。

31. 大蒜

适宜的种植时节为 9～12 月。目前种植的品种，常见的有本地大蒜、红皮蒜等品种。

32. 芹菜类

适宜的种植时节为 3～10 月。目前种植的品种，常见的有本地香芹、春芹、白秆芹菜等品种。

33. 香菜

又称芫荽。适宜的种植时节为 7～12 月。目前种植的品种，常见的有大叶品种、小叶品种、泰国四季大叶香菜、正宗大叶香菜、新西兰 666 香菜、严选 147 芫荽种等品种。

34. 韭菜

全年适宜种植。目前种植的品种，常见的有本地韭菜、精品大叶 791 韭菜等品种。

35. 分葱

全年适宜种植。目前种植的品种，常见的有上海四季小香葱等品种。

36. 薄荷类

适宜的种植时节为 3～7 月。目前种植的品种，常见的有青茎小叶、灰叶红边、青茎圆叶等品种。

37. 萝卜

一般采用直播，适宜的种植时节为 3～4 月和 7～11 月。目前种植的品种，常见的有短叶 13 号、南畔洲、瑞雪、白玉春、韩雪等品种。

38. 胡萝卜

一般采用直播，适宜的种植时节为 3～4 月和 7～11 月。目前种植的品种，常见的有韩雪、坂田七寸、短叶十三等品种。

39. 马铃薯

适宜的种植时节为 1 月、9 月和 12 月。目前种植的品种，常见的有紫花 851、闽薯 1 号等品种。

40. 白地瓜

适宜的种植时节为 4～6 月。目前种植的品种，常见的有四川早熟白地瓜、牧马山白地瓜等品种。

41. 地瓜叶

适宜的种植时节为 4～10 月。目前种植的品种，常见的有福薯 7-6、福薯 18 号等品种。

42. 玉米类

适宜的种植时节为 3～9 月。目前种植的品种，常见的有鲜食 2 号糯玉米、彩糯 2 号、超甜 28 号、沪玉糯一号，以及闽玉糯系列品种。

43. 叶用甜菜（牛皮菜，光菜）

适宜的种植时节为 3～4 月。目前种植的品种，常见的有红杆叶用甜菜、金叶甜菜（金黄梗）等品种。

44. 天葵类

适宜的种植时节为 2～11 月。目前种植的品种，常见的有紫背天葵、白背天葵类等品种。

45．马齿苋

适宜的种植时节为 4 月和 10 月。目前种植的是本地马齿苋品种。

特别提出，居家特别喜欢种植些香料蔬菜，芫荽可在春、夏、秋露地播种，春季露地栽培不可过早播种，以防低温通过春化作用经长日照后抽薹；芹菜以秋播为主；大蒜以秋、冬播种为主；分葱、韭菜四季都可分株种植。同时要注意的是，同一种类蔬菜不同品种的具体播种时间有一定的差异，请见其包装袋的具体说明。

第二节　温室蔬果无土栽培周年生产茬口安排

随着蔬菜温室生产的不断发展，如何充分利用智能温室，提高智能温室综合利用能力，已成为当前智能温室生产的重要课题之一。现以福建省农业科学院海峡现代农业园区中国以色列示范场智能温室为例，介绍周年合理安排播种、移植和采收等农事。

一、基本情况

福建省农业科学院海峡现代农业园区，拥有中国以色列示范薄膜温室（以下简称中以温室）15 亩，玻璃温室基质栽培 5.5 亩，植物工厂 NFT（营养液膜）栽培 0.3 亩。中以温室 15 亩详细栽培区划见图 5-2，其中，有基质栽培区 5.0 亩、NFT 生产区 8.4 亩和育苗区 1.6 亩三个区。

育苗区	NFT 栽培 9 区	NFT 栽培 7 区	NFT 栽培 5 区	NFT 栽培 3 区	NFT 栽培 1 区	基质栽培 1 区
入口（西）		过道		隔间	过道（东）	
育苗区	NFT 栽培 10 区	NFT 栽培 8 区	NFT 栽培 6 区	NFT 栽培 4 区	NFT 栽培 2 区	基质栽培 2 区

图 5-2　中以温室详细栽培区划图

二、中以温室及玻璃温室基质栽培区茬口安排

1. 冬季番茄种植

9 月 5 日播种大果番茄，10 月 5 日移植；第二年 5 月 20 日结束，清园。

2. 夏季黄瓜种植

5 月 1 日播种夏之光黄瓜，5 月 26 日移植；9 月 30 日结束，清园。

三、中以温室 NFT 栽培 1 区及植物工厂茬口安排

1. 夏季耐热上海青种植

夏季（5 月 1 日～9 月 31 日）：4 月、5 月、6 月、7 月、8 月的 1 日，播种耐热上海青；4 月 30 日、5 月 31 日、6 月 30 日、7 月 31 日、8 月 31 日，移栽耐热上海青；5 月 30 日、6 月 29 日、7 月 30 日、8 月 30 日、9 月 29 日，采收上海青。

2. 冬季生菜种植

冬季（10 月 1 日至第二年的 4 月 30 日）：9 月、10 月、11 月、12 月、翌年 1 月的 1 日和翌年 2 月 15 日，播种意大利生菜或四季生菜（半包型）；2 月 14 日、3 月 31 日、9 月 30 日、10 月 31 日、11 月 30 日、12 月 30 日，移栽生菜；2 月 13 日、3 月

30 日、4 月 29 日、10 月 30 日、11 月 29 日、12 月 29 日，采收
生菜。

四、中以温室其他 NFT 栽培区茬口安排

1. NFT 栽培 2 区

夏季（5 月 4 日至 10 月 3 日）：4 月、5 月、6 月、7 月、8
月的 4 日，播种耐热上海青；5 月、6 月、7 月、8 月和 9 月的 3
日，移栽耐热上海青；6 月、7 月、8 月、9 月和 10 月的 2 日，
采收上海青。

冬季（10 月 4 日至第二年的 5 月 3 日）：9 月、10 月、11
月、12 月、翌年 1 月的 4 日和翌年 2 月 18 日，播种意大利生菜
或四季生菜（半包型）；1 月 3 日、2 月 17 日、4 月 3 日、10 月
3 日、11 月 3 日、12 月 3 日，移栽生菜；1 月 2 日、2 月 16 日、
4 月 2 日、5 月 2 日、11 月 2 日、12 月 2 日，采收生菜。

2. NFT 栽培 3 区

夏季（5 月 7 日至 10 月 6 日）：4 月、5 月、6 月、7 月、8
月的 7 日，播种耐热上海青；5 月、6 月、7 月、8 月、9 月的 6
日，移栽耐热上海青；6 月、7 月、8 月、9 月、10 月的 5 日采
收上海青。

冬季（10 月 7 日至翌年的 5 月 6 日）：9 月、10 月、11 月、
12 月、翌年 1 月的 7 日和翌年 2 月 21 日，播种意大利生菜或四
季生菜（半包型）；1 月 6 日、2 月 20 日、4 月 6 日、10 月 6 日、
11 月 6 日、12 月 6 日，移栽生菜；1 月 5 日、2 月 19 日、4 月 5
日、5 月 5 日、11 月 5 日、12 月 5 日，采收生菜。

3. NFT 栽培 4 区

夏季（5 月 10 日至 10 月 9 日）：4 月、5 月、6 月、7 月、8
月的 10 日，播种耐热上海青；5 月、6 月、7 月、8 月、9 月的 9

日，移栽耐热上海青；6月、7月、8月、9月、10月的8日，采收上海青。

冬季（10月10日至第二年的5月9日）：9月、10月、11月、12月、翌年1月的10日和翌年2月24日，播种意大利生菜或四季生菜（半包型）；1月9日、2月23日、4月9日、10月9日、11月9日、12月9日，移栽生菜；1月8日、2月22日、4月8日、5月8日、11月8日、12月8日，采收生菜。

4. NFT栽培5区

夏季（5月13日至10月12日）：4月、5月、6月、7月、8月的13日，播种耐热上海青；5月、6月、7月、8月、9月的12日，移栽耐热上海青；6月、7月、8月、9月、10月的11日，采收上海青。

冬季（10月13日至翌年的5月12日）：9月、10月、11月、12月、翌年1月的13日和翌年2月27日，播种意大利生菜或四季生菜（半包型）；1月12日、2月26日、4月12日、10月12日、11月12日、12月12日，移栽生菜；1月11日、2月25日、4月11日、5月11日、11月11日、12月11日，采收生菜。

5. NFT栽培6区

夏季（5月16日至10月15日）：4月、5月、6月、7月、8月的16日，播种耐热上海青；5月、6月、7月、8月、9月的15日，移栽耐热上海青；6月、7月、8月、9月和10月的14日，采收上海青。

冬季（10月16日至翌年的5月15日）：9月、10月、11月、12月、翌年1月的16日和翌年3月2日，播种意大利生菜或四季生菜（半包型）；1月15日、3月1日、4月15日、10月15日、11月15日、12月15日，移栽生菜；1月14日、2月28

106

日、4月14日、5月14日、11月14日、12月14日，采收生菜。

6. NFT栽培7区

夏季（5月19日至10月18日）：4月、5月、6月、7月、8月的19日，播种耐热上海青；5月、6月、7月、8月、9月的18日，移栽耐热上海青；6月、7月、8月、9月、10月的17日，采收上海青。

冬季（10月19日至第二年的5月18日）：9月、10月、11月、12月、翌年1月的19日和翌年3月5日，播种意大利生菜或四季生菜（半包型）；1月18日、3月4日、4月18日、10月18日、11月18日、12月18日，移栽生菜；1月17日、3月3日、4月17日、5月17日、11月17日、12月17日，采收生菜。

7. NFT栽培8区

夏季（5月22日至10月21日）：4月、5月、6月、7月、8月的22日，播种耐热上海青；5月、6月、7月、8月、9月的21日，移栽耐热上海青；6月、7月、8月、9月、10月的20日，采收上海青。

冬季（10月22日至第二年的5月21日）：9月、10月、11月、12月、翌年1月的22日和翌年3月8日，播种意大利生菜或四季生菜（半包型）；1月21日、3月7日、4月21日、10月21日、11月21日、12月21日，移栽生菜；1月20日、3月6日、4月20日、5月20日、11月20日、12月20日，采收生菜。

8. NFT栽培9区

夏季（5月25日至10月24日）：4月、5月、6月、7月、8月的25日，播种耐热上海青；5月、6月、7月、8月、9月的

24 日，移栽耐热上海青；6 月、7 月、8 月、9 月、10 月的 23
日，采收上海青。

冬季（10 月 25 日至第二年的 5 月 24 日）：9 月、10 月、11 月、
12 月、翌年 1 月的 25 日和翌年 3 月 11 日，播种意大利生菜或四季
生菜（半包型）；1 月 24 日、3 月 10 日、4 月 24 日、10 月 24 日、11
月 24 日、12 月 24 日，移栽生菜；1 月 23 日、3 月 9 日、4 月 23 日、
5 月 23 日、11 月 23 日、12 月 23 日，采收生菜。

9．NFT 栽培 10 区

夏季（5 月 28 日至 10 月 27 日）：4 月、5 月、6 月、7 月、
8 月的 28 日，播种耐热上海青；5 月、6 月、7 月、8 月、9 月的
27 日，移栽耐热上海青；6 月、7 月、8 月、9 月、10 月的 26
日，采收上海青。

冬季（10 月 28 日至第二年的 5 月 27 日）：9 月、10 月、11
月、12 月、翌年 1 月的 28 日和翌年 3 月 14 日，播种意大利生
菜或四季生菜（半包型）；1 月 27 日、3 月 13 日、4 月 27 日、
10 月 27 日、11 月 27 日、12 月 27 日，移栽生菜；1 月 26 日、3
月 12 日、4 月 26 日、5 月 26 日、11 月 26 日、12 月 26 日，采
收生菜。

五、农事合理安排，温室蔬菜周年生产

温室蔬菜生产是一项高投入、高产出的产业（图 5-3、图 5-
4、图 5-5），如果茬口安排不好，收入降低，效益不好。

中以薄膜温室 NFT 栽培区的生产规划中，夏季移植后到采
收的生产周期为 1 个月；冬季（1～3 月份）为 1.5 个月；每个
区域每月计划播种 1 天、移植 1 天、采收 1 天，用时 3 天，刚好
10 区域每个月一轮（冬季里的 3 个月，则 1.5 个月一轮）。做到
固定工人天天有农事安排，同时达到周年生产，实现了智能温室

蔬菜周年供应、蔬菜产量和效益均较高、充分提高土地利用率、增加复种指数的目的。

图 5-3　智能温室水培快白

图 5-4　智能温室无土栽培空心菜

图 5-5　智能温室无土基质栽培草莓

第三节　生菜与矮生菜豆简易基质栽培技术

基质栽培是无土栽培的一种主要方式，具省肥、省工和优质高产的特点。应用该技术生产蔬菜可避免土传病害的发生，是绿色食品生产的一项重要技术。为进一步提高蔬菜产品质量和探索蔬菜生产新方式，现介绍低成本投入的简易型基质栽培技术。

一、生菜简易基质栽培技术

1. 品种选择

四季生菜、意大利生菜、奶油生菜、绿丰、绿的球、玉湖、红丰等品种。

2. 基质配方

基质可根据当地现有条件进行配制，如草炭土 1 份＋细沙 1 份。基质配好要在大棚里进行消毒，把基质堆成 30 厘米高，喷湿使其含水量超过 80%，然后用塑料薄膜覆盖基质堆，密闭大棚，暴晒 15 天。

3. 栽培槽和滴灌池建造

栽培槽建立在设置有内遮阳的大棚内，槽的纵切面见图 5-6。栽培槽砖的规格为：长 24 厘米、宽 12 厘米、高 5 厘米；砌砖时不用浆，以使多余的水能从砖缝自动流出。槽南北走向，内径为 100 厘米，外径 124 厘米，共 4 条槽，每条槽长 39 米，槽间距 24 厘米。底部中间稍微比两侧高些，按 0.5% 的倾斜度倾斜，以利于排水到大棚外四周的排水沟，并铺上一层 0.15 毫米厚的聚乙烯薄膜，以防底土病虫害的传染；薄膜上填满基质。在基质上纵向铺两条直径 4 厘米的渗灌带。这种栽培槽结构简单，建造成本低，广泛应用于各种蔬菜的简易基质栽培。

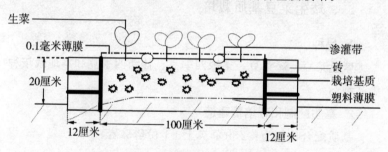

图 5-6　栽培槽纵切面示意图

滴灌池高出基质槽 50 厘米，容积 800～1000 升，砖砌，内外用瓷砖贴。

4. 栽培方法

（1）育苗与定植　将生菜种子放入纱布袋中，用 50～55℃ 的温水浸泡；浸种时要边倒种子边搅拌，待水温降至 30℃ 左右时停止搅拌，继续浸泡 8 小时；将种子取出，置于 18℃ 的恒温箱中催芽,待种子 60% 露白时即可播种。将种子播在大棚内的浇透底水的基质畦上,并覆盖过筛细火烧土 0.5～1.0 厘米厚,覆土厚度要均匀;播后要加强水、肥、温等调控和病虫害防治,以培育壮苗;当苗高长至 8～10 厘米,有 4～5 片叶(苗龄 28天)时,进行移栽定植,株行距 30 厘米×25 厘米,每亩种植6500～7000 株。

(2) 肥料调控与病虫防治 每立方米基质施钙镁磷 3 千克、商品生物有机肥 10 千克的基肥。幼苗补株成活后进行追肥,每3 天滴 1 次营养液。营养液按每吨水中加尿素 750 克、氯化钾500 克、磷酸二氢钾 500 克、硫酸镁 250 克进行配制。加强病虫害预测预控,根据病虫发生情况进行有针对性的防治。

二、矮生菜豆基质栽培

1. 品种

紫色菜豆、矮菜豆、柔绿四季豆、佳绿四季豆和本地栽培种等品种。

2. 基质配制和栽培槽建造

基质配合比例为:2 份草炭土＋1 份珍珠岩。

栽培槽同上述的生菜简易基质栽培。

3. 播种及栽培管理

每 1 立方米基质加钙镁磷 3 千克、有机肥 10 千克作为基肥。点穴直播,行距 50 厘米,株距 30 厘米,每穴播 3 粒,播后覆盖黑色地膜,出苗后割开地膜。幼苗补株成活后进行追肥,每 3 天滴 1 次营养液。营养液按每吨水加入尿素 750 克、氯化钾 500克、磷酸二氢钾 500 克、硫酸镁 250 克配制。结荚后,每 2 天滴1 次营养液。加强病虫害预测预控,根据病虫发生情况进行有针对性的防治。

春季基质栽培的矮生菜豆，色泽鲜绿，营养价值高，口感好，深受消费者欢迎。矮生菜豆为自封顶作物，根系浅、产量低，通过基质栽培，可扩大根系，有利于地上部的生长，从而提高矮生菜豆的连续结果能力，延长采收期。因此，基质栽培是提高矮生菜豆产量的技术措施。

第四节　叶菜类营养液膜（NFT）无土栽培

生菜因以生食为主，随着人民生活的提高，需要量日趋增大，不仅需要周年供应，而且需要产品无污染、安全、卫生。采用无土栽培方式可以实现上述要求。做到产品无污染，且产量高、品质好，还能节约水、肥，减小劳动强度，不受土壤种植的限制。尽管营养液膜（NFT）无土栽培一次性投资较大，管理要求严格，但这是一个必然的发展趋势。

营养液膜（NFT）栽培是一种新型的无土栽培技术，与传统的无土栽培技术相比，具有设备简易，投资小成本低、便于生产上推广应用等优点。目前英国、日本的 NFT 栽培已成功地应用于莴苣、草莓、番茄、茄子、甜瓜、鸭儿芹等蔬菜上。而营养液膜栽培是用聚氯乙烯材料作栽培床，利用适当的方式将作物的幼苗定植于栽培槽或床中，营养液在栽培床的底面作薄层循环流动，使根系既能不断地吸收到养分与水分，又保证有充足的氧气供应。因循环流动供应的营养液呈极浅如膜的液流故称作营养液膜栽培。

一、营养液膜栽培的优缺点

1. 主要优点

和其他无土栽培方式相比，营养液膜栽培有如下优点：①结构简易，只要选用适当的聚氯乙烯材料及供液装置，即可自行设计安装；②投资大小，可以灵活掌握；③营养液呈薄膜状液流循环供液较好地解决了根系供氧问题，使根系的养分、水分和氧气供应得到协调，有利于作物的生长发育；④营养液的供应量小，且容易更换；⑤设备的清理与消毒较方便。

2. 主要缺点

营养液栽培虽有上述诸多优点，但它亦有其不足之处，主要表现在以下几个方面：①栽培床的坡降要求严格。如果栽培床面不平，营养液形成乱流，供液不匀。尤其是进液处和出液处，床内作物受液不匀，株间生长差异较大，会影响产量；②由于营养液的流量小，其营养成分、浓度（EC 值）及 pH 值（酸碱度）易发生变化，要经常调整；③ 因无基质和深水层的缓冲作用，根际的温度变化大；④要循环供液，每日供液次数多，耗能大，如遇停电停水，尤其是作物生育盛期和高温季节，营养液的管理比较困难；⑤ 因循环供液，一旦染上土传病害有全军覆没的危险。

二、设备设施介绍

保护地内营养液膜栽培设施主要包括贮液池、栽培床、输液管、水泵、定时器或控制器、LED 灯等。营养液膜技术也可用于立体栽培。根据棚室具体面积及高度，用角铁焊制或不锈钢、镀锌管等材料，做成多层的支架（图 5-7），栽培床等可用 PVC板等制作。

1. 贮液池

按照栽培的品种和栽培的面积，设置一定容积的贮液池，一般可按每亩 $20\sim25$ 米^3 的比例进行设置，多用水泥池，也可用塑料桶、水缸等容器。贮液池要防止渗漏，且要加盖。池内设置

图 5-7　营养液膜栽培

水位标记，以便于控制营养液水位；或用浮球把水位感应到控制水肥的控制器里。

2. 栽培床

　　用砖、水泥、水管或硬塑料做成栽培床，栽培床的坡度为（80～100）∶1，即每80～100米降低1米，床内铺塑料薄膜防渗漏。用2毫米厚、10厘米宽、5厘米高的PVC硬板制作的栽培床，可选择底部有2～3毫米高的棱骨较好。这样，棱骨间栽培床内经常保持有一薄层（2～3毫米）营养液。栽培床上覆盖聚氯乙烯板，板上有栽植孔，孔距也就是株距一般为20厘米。待将育好的苗子插入栽植孔中时，根系直接接触在栽培床中。

3. 供液系统

由进液管、回液槽、水泵、过滤器、定时器（控制器）和部分管件构成。由控制器或定时器控制水泵的工作时间，定时从贮液池中泵出营养液，通过进液管进入栽培床，供作物吸收利用，然后，经回液槽回流到贮液池内。通过间歇式供液方式，满足生菜对氧气、水分及养分的需要。

三、育苗

1. 营养液膜无土栽培生菜及叶菜类品种的选择

无土栽培生菜时，应选用早熟、耐热、抽薹晚、适应性强的品种，如四季生菜、奶油生菜、包心生菜、玻璃生菜、大湖366、爽脆、大湖659等，都是较为理想的无土栽培生菜品种。

2. 播种前的准备

有用基质育苗和海绵育苗2种。准备好装有育苗基质的穴盘。或采购好疏松的3厘米×3厘米×3厘米的海绵块，中间有切口供放种子，各块间切好，但相互之间连接一点，便于码放。生菜种子的处理同其他栽培方式，有用包衣剂的种子就不用浸种催芽。

3. 播种

（1）没包衣剂种子　没包衣剂的种子要用凉水浸种4～6小时，然后在15～25℃的环境下保湿进行催芽，浸种期间要经常查看是否湿润；过12～20小时后，等到种子有一点露白了就要播种。用小镊子，每小块海绵的中间切口里放一粒已经露白的种子，或穴盘里每穴放一粒露白的种子；深5～7毫米。之后将海绵块浸透水，或穴盘基质吸满水，平放于育苗盘中沥干水。

（2）有包衣剂种子　有包衣剂种子不能进行浸种催芽，直接将包衣种子播到海绵里，每小块一粒，然后用手掌把每粒的包衣

116

剂压碎（不然出苗率很低）；穴盘育苗则不用压碎，最后浸泡在水里 4 小时，再把水沥干，平放于育苗盘中。

4. 苗期管理

管理上要在 15～25℃ 的环境下进行保湿育苗，在此期间要经常查看是否湿润，但又不能过于积水。每天用喷壶喷雾 2～3 次，保持种子表面湿润，必要时盖遮阳网和薄膜；海绵育苗的要特别注意，在其根还没穿透海绵之前每天都要喷雾水分才会出苗。3 天左右可出齐苗。待第一片真叶生长时，向海绵块上浇施少量的营养液，其浓度可为标准液浓度的 1/3～1/2。若用漫灌，则等海绵或基质吸足水肥后，要立即排水，沥干，不可积水，否则会烂根。一片真叶后进行间苗，每个海绵块上或穴上只留 1 株。苗龄为 20～28 天，苗有 3 片以上真叶就可以移植。

四、移植

1. 茬口安排

散叶生菜及皱叶生菜的生长期较短，移植后 30 天就可收获，1 年中可生产 10 茬之多。育苗要跟上，基本上可以每月移植一茬。结球生菜的生长期较长，茬次可适当减少。

2. 定植前准备

栽培床准备好以后，安装供液系统，进行设施的消毒处理，将配好的营养液注入贮液池后，开启灌水系统，运行正常后再进行定植。

3. 移植

按 35～50 株/米^2 或 20 厘米×20 厘米的密度，将幼苗定植于聚氯乙烯板的栽培孔内。移植放入栽培孔时，注意以下几点：苗要轻拿轻放，基质育苗的，要尽量多带基质和根一起托出，根带出越多越好；海绵育苗的，要注意与海绵交接处的根茎部容易折断，尽量手抓在海绵上，不要用力去提叶子。放苗前，要把循环灌溉水的开关开启，注意要把苗的海绵或根放在有流水的地方，小苗、根系不多的苗更要注意这一点，要保证移植的小苗马上就能吸收到水分；有棱骨的栽培床也要特别注意这一点，因为水肥流量小时，每个棱骨间不一定都有水流过，你要选择有水流过的地方，放入，并压实，确认根部与栽培床接触上。在植物工厂里，若栽培槽的中间部分，手够不着的地方，可用 50～70 厘米长的夹子，夹住苗的基部海绵，把苗夹放到栽培孔里。

五、管理

1. 营养液管理

营养液循环使用。定植一周内的幼苗，所用营养液的浓度可为标准液浓度的 1/2；定植一周后，可把营养液浓度调为标准液浓度的 2/3；生长后期，则用标准液。电导率 EC 值控制在1.4～1.7 毫西门子/厘米，酸碱度控制在 pH6.0～6.3，营养液每隔20～30 分钟循环流动一次。每天要查看水肥液面，低于水池容积 20％时就要配肥进行添加。EC、pH 值每隔 1 周检测 1 次（买那种手持钢笔型的 EC、pH 值测量器）。若有大的差异，要及时调整，特别是 pH 值经常会升高，超过 7.0 就要加酸调整。硝酸盐和亚硝酸盐，可以用试纸每半月检查一次回收液，若有超标，就要调整肥料品种。建议用植物工厂水肥机来自动化管理并控制水肥，EC、pH 值还可以设定为自动循环调整。

2. 水肥循环系统管理及补苗

在移植后的 1 周内，每天要清洗过滤器 1～2 次，特别是基质育苗的，还要清洗 2 次，不然会造成堵塞。1 周后，3～7 天清洗 1 次。发现管道系统中有漏水的，要及时修补。有堵塞的地方，就是看到整行的苗有萎蔫的，那就要查看这行的滴头，若是堵塞疏通不了了，就得更换滴头。有死苗的要及时补苗。

3. 温度管理

生菜生长适温为 15～20℃，最适宜在昼夜温差大、夜间温度低的环境中生长。白天气温控制在 18～20℃，夜间气温维持在 10～12℃，营养液温度以 15～18℃为宜。

4. 湿度管理

若春夏季空气湿度大，相对湿度超过 80% 以上，就要进行通风处理，用环流风机或排气扇，加强通风排湿，不能让叶片上有露水，否则会得病。

5. 病虫害管理

由于生育期短（约 30 天），因此基本不会发生病虫害。但若相对湿度太大，就会长霉菌，所以一定要控制湿度，保证叶面上不能有露水存在。发现霉菌、茎腐等就要进行人工去除，以防止病害蔓延。若生育期超过 1 个月以上，有可能发生蚜虫等虫害，所以生育期尽量不要超过 40 天，特别是种小白菜、上海青类的，会发生蚜虫。发现有鼠害时，可用捕老鼠的粘贴板放在它们经常出入的地方，黏住后抓捕；禁止用老鼠药，因为用药可能污染生菜；再者，堵住各缝隙，关好门，人工抓捕老鼠，要严防老鼠进入生菜生产地。

六、采收与包装

移植后 30～35 天就可收割（图 5-8）。收割前几小时就可关闭水肥。在植物工厂里，若栽培槽的中间部分，手够不着的地方，可用 50～70 厘米长的夹子，夹住生菜，连根拔出。收割时，准备一装菜篮子和一个垃圾桶，从根茎部，用剪刀把海绵和根一起剪到垃圾桶里，叶子部分小心放到菜篮子里。这样，根和叶子立即分开，生菜叶子就不会被根部基质等东西弄脏了。然后去除黄叶、烂叶等，把每棵生菜整理到四周有孔的塑料盒子里，注意每棵菜最好竖起来码放，符合植物向上生长的需求，对保鲜有利；每盒约装1千克较好，可供一小家庭吃2次。最后用保鲜膜，在包装机上进行密封包装，立即运送市场销售，或放入冷库保鲜再销售。

最后，对栽培床进行清扫干净，消毒，打开水肥开关，立即移植新一茬的生菜。

图5-8 无土营养液膜栽培

第五节　智能温室番茄、黄瓜等椰糠基质栽培系统操作技术

随着设施农业尤其是温室大棚的迅猛发展，无土栽培、节水灌溉、工厂化养殖等技术得到广泛应用。无土栽培具有省地、省水、省肥、受环境影响小、作物生长快、高产、优质、病虫害少等诸多优点，是未来农业的理想模式。无土栽培主要包括水培、雾培和基质培等方式，其中基质培是无土栽培的最主要形式（图5-9）。受应用成本、实用性和操作管理难度等方面因素影响，目前世界上90％以上的商业性无土栽培是采用基质栽培方式。无土栽培中的基质主要功能是支持、固定植株，并为植物根系提供稳定协调的水、气、肥环境。

图5-9　大棚基质栽培番茄

智能温室系统是集农业科技上的高、精、尖技术和计算机自动控制技术于一体的先进农业生产设施，是现代农业科技走向产

121

业化的基础。玻璃智能温室的骨架为镀锌钢管，门窗框架、屋脊为铝合金轻型钢材。在设施栽培中，智能温室是使用寿命最长的一种结构类型。

在我国南方，智能温室无土纯椰糠基质栽培番茄的报道还未见到。笔者根据 2 年来在福建省农科院的智能温室进行无土椰糠基质设施栽培番茄的实践（图 5-10），总结出南方智能温室无土椰糠基质种植番茄的经验，可为在高档园艺产品的生产，在沙漠、荒滩、盐碱地、矿区等进行的番茄无土基质栽培，乃至在家庭屋顶上和阳台上的番茄无土基质栽培，提供一些参考。

图 5-10　智能温室基质栽培番茄

一、智能温室番茄基质栽培系统操作技术

1. 栽培设施材料

智能温室是以透明玻璃为覆盖材料的温室，透光率为60%～70%，肩高约 8 米。控制系统采用以色列公司提供的智能化水肥机搭建无土栽培水肥一体化系统。采用地下水及可溶性肥料，作

为水肥一体化供应。在福建省农业科学院海西现代农业园区的智能温室，栽培方式采用澳大利亚引进的椰糠基质袋水肥一体化无土栽培。

2. 品种选择及种植方法

番茄品种有夏日阳光、金石王一号、猫脸、瑞丰、倍盈、蔓西娜等品种；黄瓜有冬天光、夏之光等品种；全部为无限生长型，采用单杠整枝、吊蔓及放蔓的管理方法。

地面用石子铺成，镀锌管的架子支撑栽培槽，槽上放置椰糠基质包，基质包1米长，开挖4个定植穴，每穴种1株番茄，并配上一根滴箭。

3. 栽培技术

定植前准备及移植，清洗或消毒基质条，基质条第1次使用时，按株距25厘米的间隔在基质条的薄膜上划"＋"或"×"。刀口8厘米左右，然后把"＋"或"×"的薄膜内卷，露出基质插上滴箭。滴灌清水清洗基质条内的碱性，直至流出的水样pH值（酸碱度）与清水一样，需1～2天。基质条若是第2次以上使用，则要在清园后，提前2天对基质条进行消毒处理。可用3％的双氧水喷湿基质条及其栽培架，或用50％超微多菌灵可湿性粉剂600～700倍液处理。

设施设备检修，检查水肥机、各种水阀、滴灌系统、管道、滴箭等滴灌设施设备是否运行良好。检查智能温室的自动化控制系统，如天窗、风机、湿帘、内外遮阳网、内环机、喷雾等是否运行正常。

对自动化控制系统进行复查设定。不同季节设定的内容有所区别，但最关键的是温度的自动控制，自动化控制系统设计方案见表5-1。

表 5-1　智能温室夏、秋季降温自动控制方案

设备	开（或展开）	关（或收拢）	备注
5 组湿帘风机	室内大于 30℃	室内小于 29℃ 或夜晚 21：00 到第 2 天 7：00	每隔 5 秒开 1 组，以避免同时开启时，瞬间电压太大而跳闸
3 个湿帘水泵	室内大于 30℃	室内小于 29℃ 或夜晚 21：00 到次日 7：00	与湿帘风机绑定
3 组湿帘窗	室内大于 20℃	室内小于 19℃	
2 片外遮阳网	室内大于 32℃ 或光强大于 7 万勒（光强单位）	室内小于 31℃ 或光强小于 6 万勒（光强单位）	关和开要间隔 1℃，以避免开或关的频繁持续交替
2 片内遮阳网	室内大于 35℃ 或光强大于 7.5 万勒	室内小于 34℃ 或光强小于 7 万勒	
8 组顶开窗	室内小于 29℃	室内大于 30℃ 或室外小于 15℃	与湿帘风机绑定为优先，即风机开，则顶开窗关
5 组喷雾器	室内大于 41℃ 或相对湿度小于 35％	室内小于 40℃ 或相对湿度大于 45％	喷雾阀打开所需时间为 5 秒
4 组环流机	室内大于 30℃	室内小于 29℃	21：00 到次日 7：00 间歇性地开 10 分钟，关 10 分钟，预防结露水

检查吊挂设备，对吊挂设备进行查修，保证每株有 1 个吊挂

设备。若是旧的吊挂设备，还要拆下进行消毒后再挂上，并确保滚轮或挂钩上的吊绳足够长，一般要 20 米以上。

1 米的基质条可种植 4 株，单行移栽。移栽深度以埋住苗坨为好。移苗后，注意把滴箭插好。移植后第一天只要需滴清水，第二天就可以滴上营养液。

4. 日常管理

(1) **温湿度管理** 除自动控制设置外，有时还要人工手动控制管理。冬春季节室内温度过低时要适当加温，特别在冬季有霜冻时，应该注意天气预报，提前在前一天的下午 17：30 前关闭所有窗户，包括湿帘窗，把内、外遮阳网都展开保温。第二天上午太阳出来后，再收拢内、外遮阳网。冬春季需要采取各种措施来增加光照，首先要保持玻璃或棚膜的清洁，以提高其透光率。春季温室内的相对湿度若大于 83%，可打开风机排湿。到夏季外界气温升高，温室内需要降温，将温度控制在 15～30℃。进入夏季高温光照太强，先用外遮阳网遮阴降温，若仍太高再采用内遮阳网、喷雾等措施进一步降温。

(2) **水肥管理** 栽培方式采用椰糠基质袋水肥一体化栽培，配备智能化水肥一体机。用自来水或地下水及可溶性肥料，作为水肥一体化营养液的供应。配方肥料每 100 升液体含母液：A液，$Ca(NO_3)_2$ 12800 克、EDTA-Fe 螯合铁 320 克、KNO_3 6080 克；B 液，$MgSO_4$ 6560 克、KH_2PO_4 2880 克、KCl 2400 克、$MnSO_4 \cdot 4H_2O$ 34.08 克、H_3BO_3 45.76 克、$CuSO_4 \cdot 5H_2O$ 1.28 克、$ZnSO_4 \cdot 7H_2O$ 3.5 克、$(NH_4)_6Mo_7O_{24} \cdot 4H_2O$ 0.32 克；中和碱性的酸液是 98.08% 的 H_2SO_4（1 升）或 HCl、HNO_3。设置水肥机自动灌溉营养液的 EC 值（液体浓度）为 1.5～2.0 毫西门子/厘米、pH 值 5.7～6.0。母液稀释 160 倍液后自动灌溉。每株采用一个流量为 2.0 升/小时或 33 毫升/分钟

的滴箭，根据不同天气和番茄生长发育不同阶段，每天滴灌3～8次，每次3～5分钟，以营养液刚好有些渗出为宜。后期生长旺盛，见到有萎蔫的植株，要检查滴头、滴箭是否脱落，滴管是否曲折，水阀、水闸是否被人关闭；或其滴箭出水口是否被根堵住，应该及时把滴箭拔起清理后插回。注意每个滴箭不能插太深，否则根有趋肥性，把出水口堵住。

（3）**抹芽吊蔓放蔓**　当植株长至20～25厘米高时，要及时吊蔓，否则会倒伏。采用单干整枝，把番茄蔓左一株右一株地用番茄扣固定在吊绳上。结合整枝及时疏花疏果，大果型的每穗留3～5个果，小果型的大多不要疏果，但花穗很长的（如夏日阳光）最好掐去尾部的二次花，以免浪费营养；同时抹除5厘米以上的侧枝，及时摘除黄叶和开始转色果串以下的老叶、病叶。若隔壁有缺株，则在基部留一侧蔓作为缺株的替代株。当第一串和第二串果实采收以后，除去老叶，进行放蔓。放蔓最好2人配合，一人在高处把吊绳松开，放下蔓；另一人在下面，保护放下的枝蔓及花果不受损坏，并把蔓搁置在承蔓架上，同时负责绕蔓、抹芽、疏果、扣蔓、固定、整理等工作。放蔓要注意，在同一基质条上的植株，分成左右2行，一行向东（北）放蔓，另外一行则向西（南）放蔓；做大循环缠绕。现在许多农场为节约劳动力，不进行放蔓，留5～7串果打顶，一年种2茬。

（4）**保花保果**　番茄虽然是自花授粉作物，但温室内无风及昆虫来授粉，在冬春季低温时，为保住第一串果实，于上午9：00～12：00用番茄授粉器震动花柄；或用20～30毫克/升的防落素或番茄灵蘸花；严格掌握药物浓度，温度高时浓度低些，温度低时浓度高些。但最好是购买荷兰熊蜂来帮助授粉。

（5）**病虫害防治**　①病害防治。注意通风排湿，控制室内温度；及时整枝打杈，增施磷、钾肥，促使植株健壮生长，增强抗

126

病力；一旦发病，小心拔出病株，立即装进塑料袋，移出棚外销毁；接触过病株的手和工具要消毒后才能去接触其他健康的植株；还要局部喷药预防；防止病害蔓延。②虫害防治。以防为主；天窗、门口等设置防虫网，随手关门；在植株上部挂黄板，植株内部挂捕食螨等。局部发生虫情，及时局部喷药。

(6) 采收　番茄果实因品种不同，其贮藏时间也不同，应根据不同品种确定适宜的采收期，以提高番茄产量。薄皮和软果型的品种，建议七分熟采收，以免储运过程中的裂果损耗。厚皮和硬果型的品种，八九分熟采收，储运过程还会后熟，尽量避免烂果。完全熟的果实，极易裂果及腐烂，要当天销售或处理。采收果实时，要注意剪平果柄。若果柄太长会互相戳伤，引起损耗。小果型的品种，可以考虑等整串果实基本成熟时整串采下以节约劳动力。采下的果实要分类包装，用透气的塑料盒、塑料框、纸箱等包装。

二、存在问题与解决办法

1. 四周环境及光强问题及解决办法

目前在福建省农科院的智能玻璃温室的东侧，有个占地333 米^{2}的入门大厅，该建筑物超过大棚高度 1/4，遮挡了上午东升的太阳，靠大厅周围的棚内植物只有到中午 11：00 后才能得到太阳的照射。大棚外西边有超过大棚的高大绿化乔木遮光。生长及结果都不如靠南面光线充足的 3 行，光线好的生长更快，开花也早 2 周，果实成熟快 1 个月（特别是在冬季）。为提高作物产量和质量，以后大棚建设时，东南西侧尽量减少遮光的高大建筑物及高大绿化乔木，建筑物及绿化乔木应安排在大棚的北侧。

2. 大棚及种植畦的走向问题及解决方案

由于智能温室原先是用来作为成果展示厅的，所以就没有考虑到作物种植畦的走向问题。受地理位置的影响，目前整个大棚是坐西朝东，水帘在东侧，风机在西侧，所以种植畦也只能东西走向。为了让光线尽可能均匀地照到每一株作物上，要求的走向最好为南北走向；搭建的大棚及畦的方向，只要条件允许应采用南北向，因为南北向大棚的透光量要比东西向高 5%～7%，棚内白天温度变化平缓。玻璃大棚温室建造昂贵，其走向无法改造。但畦的走向可以改造成南北走向，当然，水肥系统、喷雾系统、吊挂系统等设施也要跟着改造。考虑到水帘和风机降温的作用，靠近水帘一侧建议种植矮秆作物，风机的一侧种植较高秆作物。在栽培密度、田间管理相同的条件下，自南偏西 20°（也是高光效栽培）方向的小区产量最高，是一种充分利用风、光、温等气候资源从而提高水稻产量的新型栽培模式。建议建造智能温室，水帘设计在北侧，风机在南侧，畦的走向，尽量是南北方向。

3. 基质无土栽培水肥问题及解决办法

一般蔬菜适宜 pH 值 5.5～6.5，该地块地下水 pH 值在 7 以上（偏高）。要用酸来中和。每周要测一次基质槽排出液的 EC 值、pH 值以及硝酸盐的含量，作为调整水肥配方的依据；根据实际需要，及时改变配方及酸的使用。番茄进入盛果期缺硼、缺钙严重，特别是夏日阳光品种表现明显。番茄缺硼导致新叶停止生长，生长点停止发育，整个植株表现萎缩状态，茎呈弯曲状，并有木栓状龟裂，叶色变成浓绿色。随着营养液缺硼的加剧，叶片叶绿素含量减少，类胡萝卜素降低，株高增高，茎粗变细，第一花序高度升高，花序间距变大，坐果率降低，果形指数变大，平均单果重变小，单株结果数变少，单株产量降低，可溶性固形物含量降低。果实表面有木栓状龟裂是番茄缺硼的主要特征。过量施用石灰会导致硼的缺乏，有机肥施用不足，施用过量的钾肥

128

抑制了硼的有效吸收。番茄缺钙造成植株萎缩、幼芽变黄、变小，生长点附近的叶片变为褐色，并有部分枯死，生长点停止生长，果脐变黑，形成脐腐。要及时调整硼和钙的施用量，最好用它们的螯合肥，有利于其吸收，并减少拮抗作用。雨天、阴天每次的灌溉分钟数或灌溉次数要相应减少，做到及时调整；特别是基质槽会漏水的地方，更要减少次数，每次灌溉只让基质达到饱和水即可，最好营养液不要流出基质袋。否则会造成栽培地地面积水，空气湿度增高。

4. 滴灌设施有关问题及解决方案

种植园内有 6 个水阀控制 6 个区域的灌溉，参观的人员出于好奇，会把水阀顶上的旋钮从自动控制拨到手动控制，从而造成这个水阀控制的区域无法得到灌溉，晴天少灌溉半天就会造成植物萎蔫。建议在水阀上和进水开关上加装保护装置或保护罩。同时要注意防止滴头连接处的漏水，滴箭管易折并堵塞的情况；再者，滴箭不能插太深，否则番茄的根长势过旺会向滴箭出水口生长，并堵塞出水孔。肥料有沉淀，有细小颗粒，所以滴头经常出现堵塞，要经常查看并修复。

在郊区或偏远农场经常出现突然断电现象。灌溉时若突然停电，恢复供电后要灌溉时，机器对混合桶里已经满桶的肥水不知道如何处理，会出现报警并停止灌溉，同时又会有少量的水进入混合桶里，造成桶里的肥水一直有少量外溢现象。解决方案：(1) 停电后电脑要重启，桌面等其他界面要重新打开。建议对以色列水肥机的软件程序进行改进，恢复供电后电脑及各种界面能自动开启，恢复供电后混合桶里的满桶水先排到一定区域，以便下一个灌溉循环的开始。(2) 采用柴油等发电的备用电源，当主电源断开时，备用电源自动开启。

5. 吊挂系统放蔓问题及解决方案

温室内温湿度高，番茄生长快，节间长，因此抹芽、打去老叶、放蔓、固定蔓等农事活动，3～5 天就要 1 次。孙洪仁等以草坪草为材料，叶面喷施多效唑，使草坪生长格局发生改变，生长延缓，修剪次数减少，节约修剪的人力和财力，并使草坪保持美观的绿色。建议使用矮壮素（多效唑），缩短节间长度，减少放蔓的次数。番茄苗在 4 叶 1 心时喷施 50 毫克/升多效唑，植株比对照叶片数量增多，株高变矮，有效控制了徒长，茎秆增粗，整株鲜、干重增加，根冠比增加，壮苗指数增加，容易形成壮苗，比对照长得更加健壮，但具体的最佳喷施时期还需要进一步的研究和摸索。番茄苗在 4 叶 1 心比 2 叶 1 心喷施效果更佳；两者喷施后壮苗指数和产量都显著增加，但 4 叶 1 心喷施壮苗指数更高，产量增加更多。放下的蔓要用大号铁线做的扁担，把两侧的蔓收集整理在一起，蔓多，则扁担两侧的铁线要制作得高些。考虑人工成本高，可以留 5～6 串果，打顶，抹去侧芽，打老叶，不用放蔓。

6. 南方夏季高温问题及解决方案

目前南方智能温室采用秋季种植番茄，冬、春、初夏季收获的形式，无法做到种植一次，一年四季收获采果。夏季（特别 8～9 月）太热，用湿帘风机降温电力成本大，并且南方空气湿度大，湿帘和风机的距离长，湿帘风机降温效果不理想。建议南方智能温室四周高度的 1/3～1/2（从地面开始向上）改用窗户或卷膜，内设防虫网。高温时，打开四周的窗户或卷上膜，让其自然通风，再加外、内遮阳，温室内温度就会比室外低，同时节约用电。南方春夏多雨，天气多变，同时建议棚外要设置雨水传感器。在下雨时能自动关闭天窗（以免斜雨从天窗进入温室内），天晴则自动开启天窗。在茬口上做些调整，避开高温。如在高温的 6～8 月时段种植黄瓜一茬（5～6 月播种）。番茄 6～7 月播种，播后分苗 1 次，8 月下旬至 9 月上旬定植，12 月左右始收，春节前后上市，经济效益明显。

第六节　山区玻璃温室自动化控制系统的设计及管理

在设施栽培中，玻璃温室是使用寿命最长的一种结构类型。现以福建省农业科学院中以示范农场智能玻璃温室为例，介绍其应用于无土基质设施栽培的自动化控制系统设计及管理方法。

一、自动化控制玻璃温室大棚系统设计

1. 系统材料和结构

玻璃温室是以透明玻璃为覆盖材料的温室，透光率一般为 60％～70％。温室的骨架为镀锌钢管，门窗框架、屋脊为铝合金轻型钢材，肩高约 8 米。

采用 JPK-013 型自动化控制系统。电脑操作，在配电房，开启电脑，输入用户名及密码，在桌面点击海峡农业示范园计算机控制系统的图标，点击特殊菜单，点击登录开，弹出一对话框，再次输入另外一个用户名及密码，就可进行参数操作设计。设计结束后，下拉特殊菜单，点击登录关。把目标温度设计为 30℃，降温需求百分比为 10％。

2. 系统功能及操作设计

夏秋季的操作设计方案。夏、秋季主要是根据南方玻璃温室需要降温的要求，设计操作方案，详见上节（智能温室夏、秋季降温自动控制方案）。

3. 冬、春季的操作设计方案

根据南方冬、春季的气候特点，设计保温操作方案，详见表5-2。

表 5-2　玻璃温室大棚冬、春季保温操作设计方案

设备	开（展开）	关（收拢）	备注
2片外遮阳网		收拢	
2片内遮阳网		收拢	
5组湿帘风机	室内空气相对湿度大于80％	室内空气相对湿度小于79％	开风机排湿
3个湿帘水泵		关	
8组顶开窗	室内大于28℃	室内小于27℃	
3组湿帘窗		关	
4组环流机		关	19：00到次日8：00间歇性地开10分钟、关10分钟
5组喷雾器		关	

二、自动化控制玻璃温室大棚系统管理要点

1. 水肥机一体化系统管理

水肥机由以色列 Galcon 公司生产（型号为 Galcon WEX，24VAC Controller，AMGW6L01 的 Computerized Control Systems 机子）。桌面图案：电脑开机—桌面—点击 Client 系统—点击 Mixer。

2. 分区设计管理

水肥机一体化分区管理。将整个温室分成 6 个水肥灌溉区域，即与电脑连接的 6 个水阀（Valve）所控制的灌溉区域为一

个独立的单元。区域布置见图 5-11。

北			
西	Valve 6 区	Valve 5 区	东
	Valve 4 区	Valve 3 区	
	Valve 2 区	Valve 1 区	
南			

图 5-11　各个水肥灌溉区域的平面布置图

将水肥机肥料母液的肥料桶共 7 个桶，A、B 液各 3 个桶，另外 1 个酸液桶，分为 3 个组别，酸液桶共用。针对不同作物，每组肥料母液可以有所区别。

移植后 1 个月内每天灌溉 1 次，每天 5：00 点滴灌 6～10 分钟，之后增加为 4 次，每次 3 分钟。盛期需肥水较多，后期增至每天 7 次。

3. 各区域的项目编号绑定及灌溉时间表（Irrigation Program No.）设计

各区域的电脑识别代码及灌溉时间表设计见表 5-3。

表 5-3　各区域的电脑识别代码及灌溉时间表

Valve 区	1	2	3	4	5	6	备注
项目编号 （Program No.）	13；1	15；2	17；9	19；10	21；22	24；25	目前只用前面 1 个编码，后 1 个编号为预留号
肥料桶组别	1	1	2	2	3	3	

Valve 区	1	2	3	4	5	6	备注
灌溉持续时间（分钟）	3	3	3	3	3	3	
第一次灌	5：00	5：10	5：20	5：30	5：40	5：50	
第二次灌	9：00	9：10	9：20	9：30	7：40	7：50	根据需要，
第三次灌	12：00	12：10	12：20	12：30	9：40	9：50	可随时做出
第四次灌	15：00	15：10	15：20	15：15	10：40	10：50	调整
第五次灌			17：10	17：20	11：40	11：50	
第六次灌					12：40	12：50	
第七次灌					13：40	13：50	

4. 灌溉时间等数据的设计及修改

在 Mixer 的图案里，点击 Irrigation Program No.，左上角白色框格里输入所要修改或设定的项目编号（Program No.），回车，再在左上角白色框格的左边，点击锁匙（解锁），选择要修改的数据，输入要修改的数据，全部修改好后，再次点击解锁，点击确定（sure），完成修改。其他项目的修改过程也同样。

5. 所需 EC、 pH 值的修改及其感应器校准

点击 Fertilization Programs，修改各种植区所需的灌溉水肥的 EC、pH 值。初期 EC 设置为 1.5 毫西门子/厘米，盛果期设置为 2.0 毫西门子/厘米；pH 都设置为 5.7。

当发现水肥机上的 EC、pH 感应器有偏差时，就用标准液来进行校准。

6. 洗盐

点击右上角 Irrigation Programs 进入操作界面，点击

134

Program Settings 进入灌水数据界面。程序号（Prog No）要选择灌溉肥料没用过的空白号。优先权（Priority Setup）选择 low。灌溉间隔天数（Irri. Cycle days）选择 1d（天），时间单位（Irri. Unit）为 min（分钟）；灌水水量（Quantity）60min（分钟），施肥（Fert. Prog）一定要填写 0。开始（Start Time）写 0：01，结束写 23：59；各区的间隔灌溉时间（Duratior）写 250min（洗盐一轮 60×4 为 240 分钟，其中机子休息 10 分钟）。这就是洗盐 1 天的循环模式。

7. 过滤器清洗

每个肥料母液桶下面都有一个过滤器，选择在没有灌溉的时间段里，关闭水肥母液桶的开关，把过滤器小心旋开，用清水冲洗过滤片，干净为止。然后在灌溉之前，装回，打开水肥开关。水肥机后面也有一个过滤器。

8. 混合桶溢水问题解决

在灌溉时，是边混合水肥边灌溉，如果遇到突然停电，等后面来电时，电脑不知道该混合桶的水肥往哪个

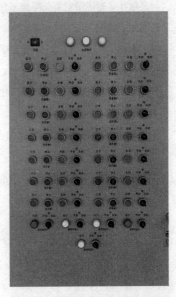

图 5-12　玻璃温室手动控制面板

区走；查看到混合桶溢水后，应立即手工把混合桶里的水肥舀出 1/2 即可。

当电脑发生临时故障，可采用手动控制（图 5-12）。

参考文献

［1］吴敬才. 福州市居家常见蔬菜品种及种植时节［J］. 福建农业科技, 2013（1～2）：143－146.

［2］吴敬才, 郑回勇, 吴燕, 等. 南方智能温室自动化控制系统的设计及管理［J］. 福建农业科技, 2014（11）77－79.

［3］吴敬才, 郑回勇, 林琼, 等. 智能温室基质栽培不同品种番茄和草莓硝酸盐残留的分析［J］. 福建农业学报, 2016, 31（3）：260－264.

［4］吴敬才. 智能温室番茄椰糠基质栽培系统操作技术及问题探讨［J］. 农业工程技术－温室园艺, 2017（7）.

［5］吴敬才, 郑回勇, 方志坚. 福建省农业科学院闽北分院部分功能设置与建设目标［J］. 台湾农业探索, 2016（4）：78－80

［6］吴敬才, 郑回勇, 吴燕, 等. 叶菜类蔬菜营养液膜无土栽培技术［J］. 福建农业科技, 2015（10）：48～50.

［7］吴敬才. 生菜与矮生菜豆简易基质栽培试验［J］. 福建农业科技, 2007（3）：24－27

［8］王道友. 蔬菜播种中易出现的问题和解决方法［J］. 中国瓜菜, 2006（1）：55－56.

［9］李南. 蔬菜播种技术要点［J］. 农家科学与致富, 1998（8）：8－8.

［10］葛志军, 傅理. 国内外温室产业发展现状与研究进展［J］. 安徽农业科学, 2008, 36（35）：15751－15753.

［11］王星海, 李迁. 营养液膜（NFT）生菜栽培技术［J］. 西北园艺, 1999（5）, 24－25.

［12］王珏. 我国温室产业的发展趋势［J］, 上海城市发展, 2013, 8（4）：35－37.

［13］杨锚, 邵华, 金芬, 等. 新鲜蔬菜和水果中硝酸盐紫外分光光度法的测定［J］. 华中农业大学学报, 2009, 28（1）：102－105.

［14］沈明珠, 瞿宝杰, 东惠茹. 蔬菜硝酸盐积累的研究［J］. 园艺

学报, 1982, 9 (4): 41—48.

[15] 张远兵, 刘爱荣, 吴晓东, 等. 不同浓度多效唑对两种常见草坪生长的影响 [J]. 中国林副特产, 2003, 67 (4): 47—507.

[16] 兰剑, 张丽霞. 多效唑对多年生黑麦草坪用性状的影响 [J]. 草原与草坪, 2002, 97 (2): 32—33.

[17] 杨红丽, 王子崇, 张慎璞, 等. 多效唑对番茄穴盘育苗质量的影响 [J]. 河南农业科学, 2009 (11): 101—104.

[18] 葛桂民, 卢钦灿, 李建欣, 等. 多效唑在番茄育苗上的应用 农业科技通讯 2015, 8: 141—144.

[19] 杨文平, 胡喜巧. 氮肥对蔬菜 Vc 和硝酸盐含量影响的研究进展[J]. 安徽农业科学, 2006, 34 (22): 5924—5925.

[20] 陈振德, 冯东升. 几种叶类蔬菜中硝酸盐和亚硝酸盐含量变化及其化学调控 [J]. 植物学通报, 1994, 11 (3): 25—26.

[21] 陈君石, 闻芝梅 (译). 食物、营养与癌症预防 [M]. 上海: 上海医科大学出版社, 1999.

[22] 范荣辉, 李岩, 杨辰海. 蔬菜中硝酸盐含量的安全标准及减控策略 [J]. 河北农业科学, 2008, 12 (11): 50—51.

[23] 周泽义, 胡长敏, 王敏健, 等. 中国蔬菜硝酸盐和亚硝酸盐污染因素及控制研究 [J]. 环境科学进展, 1999, 7 (5): 1—13.

[24] 巨晓棠, 张福锁. 中国北方土壤硝态氮的积累及其对环境的影响 [J]. 生态环境, 2003, 12 (1): 24—28.

[25] 张维理, 田哲旭. 我国北方农用氮肥造成地下水硝酸盐污染的调查 [J]. 植物营养与肥料学报, 1995, 1 (2): 80—87.

[26] 陈振德, 程炳嵩. 蔬菜中的硝酸盐及其与人体健康 [J]. 中国蔬菜, 1988 (1): 40—42.

[27] 贺文爱, 龙明华, 白厚义, 等. 蔬菜硝酸盐积累机制研究的现状与展望 [J]. 长江蔬菜, 2003 (2): 30—33.

[28] 张智峰, 张卫峰. 我国化肥施用现状及趋势 [J]. 磷肥与复肥, 2008, 23 (6): 9—12.

［29］汪李平，向长萍，王运华. 我国蔬菜硝酸盐污染现状及防治途径进展（上）［J］. 长江蔬菜，2000（4）：1—4.

［30］苗锋，刘全凤，阚晓君，等. 无公害番茄硝酸盐含量控制技术研究［J］河北农业科学，2014，18（3）：20—23.

［31］曲贵伟，刘玉琴. 生物有机肥料对草莓产量及品质的影响［J］. 丹东纺专学报，2003，10（3）：5—6.

［32］李金凤，陈洪斌，于向华，等. 辽宁蔬菜水果硝酸盐含量及其安全性问题探讨［J］. 土壤通报，2003，34（4）：322—325.

［33］齐慧卿，董保安，王玉芳. 温室茬口巧安排［J］. 农家参谋，1997（03）.

［34］孙祥春，闫素珍，全兴霞，等. 保护地生产茬口安排［J］. 内蒙古农业科技，2010（6）：90.

［35］李毅，陈云，韩方胜，等. 东海县温室大棚周年利用的茬口类型［J］. 现代农业科技，2008（23）.